复合金属氧化物催化剂的制备技术

赵莹莹　著

本书数字资源

北　京
冶 金 工 业 出 版 社
2023

内容提要

在诸多去除挥发性有机化合物（VOCs）的有效方法中，催化氧化法由于操作方法简单、效率高而被广泛应用。本书中涉及的是过渡金属氧化物催化剂，首先介绍了 Ce 基复合金属氧化物（Ce-Co、Ce-Mn）催化剂的制备和不同的反应条件对催化剂的结构和性能产生的影响，之后根据不同铬铈比例的介孔催化剂（*meso*-Cr-Ce）的结晶度和催化氧化性能考察其去除 VOCs 的能力，最后研究了纳米氧化镍、纳米氧化锰和纳米氧化钐的制备、表征和物化性质。

本书可供环境科学与工程、环境工程、环境科学、环境生态工程等相关专业人士阅读和参考。

图书在版编目（CIP）数据

复合金属氧化物催化剂的制备技术/赵莹莹著．—北京：冶金工业出版社，2023.8

ISBN 978-7-5024-9584-8

Ⅰ．①复…　Ⅱ．①赵…　Ⅲ．①金属氧化物催化剂—制备　Ⅳ．①TQ426.8

中国国家版本馆 CIP 数据核字（2023）第 140204 号

复合金属氧化物催化剂的制备技术

出版发行　冶金工业出版社　**电　话**　（010）64027926

地　址　北京市东城区嵩祝院北巷 39 号　**邮　编**　100009

网　址　www.mip1953.com　**电子信箱**　service@mip1953.com

责任编辑　于昕蕾　美术编辑　吕欣童　版式设计　郑小利

责任校对　梅雨晴　责任印制　禹　蕊

三河市双峰印刷装订有限公司印刷

2023 年 8 月第 1 版，2023 年 8 月第 1 次印刷

710mm×1000mm　1/16；7 印张；135 千字；103 页

定价 50.00 元

投稿电话　**（010）64027932**　**投稿信箱**　**tougao@cnmip.com.cn**

营销中心电话　**（010）64044283**

冶金工业出版社天猫旗舰店　**yjgycbs.tmall.com**

（本书如有印装质量问题，本社营销中心负责退换）

前　　言

本书介绍了挥发性有机化合物（VOCs）的危害及主要的消除方法。当室内的VOCs到达一定浓度时，短时间内，人们会出现头疼、干呕、乏力等症状，严重者甚至会出现抽搐、昏迷的现象，并且会对人的肝脏、大脑、神经系统产生不可逆转的伤害，造成记忆力减退等后果。绝大多数VOCs如甲醛、苯、甲苯和二甲苯等，不仅具有致癌性、致畸性，更会对人体的健康产生负面影响，引发神经、消化、自律神经、呼吸、视觉神经、末梢神经等多系统障碍，刺激眼睛和呼吸道，使人感到咽痛与乏力，致使多器官中毒或罹患癌症。为解决VOCs的污染问题，除了遏制源头外，寻求有效的末端治理技术也是当前工作的核心。VOCs末端治理技术主要分为两大类：物理方法和化学方法。物理方法即回收法，一般用于处理较高浓度的VOCs，主要包括膜分离技术法、吸附法、冷凝法、吸收法等；化学方法通常用于处理中等浓度或低浓度的VOCs，主要包括光催化降解法、生物降解法、等离子体降解法、焚烧法以及催化氧化技术等。其中催化氧化技术具备成本低、净化效率高、无二次污染、能耗低等优点，是有效净化低浓度VOCs最具有前景的治理技术之一。本书还通过三种实验介绍了催化氧化法制备催化剂消除挥发性物质。

本书内容包括挥发性有机化合物的介绍、三种类型催化剂的制备和表征。全书分为5章：第1章对挥发性有机化合物进行总体概括；第2章介绍Ce-Co催化剂制备表征及其氧化甲苯性能；第3章介绍Ce-Mn催化剂制备表征及其催化氧化乙酸乙酯性能；第4章介绍介孔Cr-Ce-O_x的制备和表征；第5章介绍纳米氧化镍的制备及其表征。

本书在编写过程中参考了大量的著作和文献资料，在此，向工作在相关领域最前端的科研人员致以诚挚的谢意。随着挥发性有机化合物和催化氧化技术研究的不断深入，本书中的研究方法和研究结论有待更新和更正。由于作者水平有限，书中难免有错误和疏漏之处，敬请各位读者批评指正。

赵莹莹

2023 年 5 月

目　　录

1 绪　论

1.1 挥发性有机化合物及其去除

随着我国工业化的不断发展，环境问题也随之而来。最明显的就是雾霾天气的不断增多，对人们的健康造成了非常大的损害。除了硫化物、氮氧化合物、可吸入颗粒物以外，挥发性有机化合物（VOCs）也是造成雾霾天气的重要原因之一。

VOCs 是指：室温下，饱和蒸汽压不低于 133.3kPa 时，以蒸汽形式存在的、沸点在 50~260℃ 的一类有机化合物[1-5]。VOCs 种类繁多，主要有烷烃、烯烃、芳香烃等（表 1-1），且来源广泛，主要来自工业生产和工业排放。挥发性有机化合物一般都具有毒性、刺激性且不稳定，易燃，易发生爆炸。低浓度的挥发性有机化合物会使人出现恶心、干呕、哮喘等症状，高浓度的 VOCs 会致使器官中毒或罹患癌症。因此，对挥发性有机化合物展开治理迫在眉睫。

表 1-1　VOCs 的种类、来源及对身体影响

种　类	示　例	来　源	影　响
芳烃及衍生物	苯、甲苯	油漆、化工产业	神经障碍、消化系统障碍
醇类	丁醇、异戊二醇	材料、制药	自律神经障碍
醚、酯类	乙酸丁酯、乙醚	合成纤维、制涂料	呼吸道障碍
酮类	丙酮、甲基异丁基酮	石油化工、垃圾处理	视觉障碍、末梢神经障碍
卤代烷烃类	二氯甲烷	有机溶剂、工业生产	神经障碍

近年来人们对大气环境问题的愈加重视，解决 VOCs 的污染问题已经引起人们的关注，并取得了一定成果。截至目前，VOCs 的治理方法主要分为初级措施和次级措施两类[6]：初级措施主要是对工艺设计的调整，但此种方法收效甚微；次级措施主要是回收和降解。

回收法主要包括膜技术法、吸附法、催化法等；降解法包括生物法、燃烧法、催化氧化等。吸附法是目前使用最广泛的方法，生物法和燃烧法对 VOCs 的

处理存在一定的缺陷，如能耗高和对环境造成二次污染等。目前最为有效的是催化氧化法[7-9]，成本低、反应温度低、净化率高、能耗低、污染小，是目前被认为最有效的方法之一。催化剂的性能可以直接影响催化效果，因此，选择合适的催化剂是目前研究工作的重点之一。过渡金属氧化物催化剂是催化氧化消除VOCs的催化剂之一。过渡金属氧化物主要包括单一组分过渡金属氧化物催化剂和复合过渡金属氧化物催化剂两大类。

1.2 纳米材料

纳米是长度单位，$1nm=10^{-9}m$。纳米材料是指粒径尺寸在100nm以下的一类材料。纳米微粒由于具有宏观量子隧道效应、小尺寸效应、量子尺寸效应、表面效应等，其在许多方面呈现出普通材料所不具备的一系列特性，拥有广泛应用前景。研究表明，催化剂表面原子数的增加一方面会使原子配位数不足，使催化剂表面出现缺陷[10]；另一方面，表面原子数的增加可以增大表面张力。催化剂表面特性参数包括尺寸、分布、比表面积等[11]，纳米催化剂由于颗粒直径较小、分布密集、比表面积大，因而具有较高的催化活性。

在20世纪50年代，美国物理学家理查德·费因曼教授就提出“有一天人们会造出仅由几千个原子组成的微型机器”的观点；此后，人们一直在这条研究道路上摸索。直到1989年，IBM公司实验室用35个氙原子拼成了IBM三个英文字母，之后，这一实验室又以48个铁原子拼成了“原子”二字。在此基础上，化学家查德·米尔金在约十个香烟微粒大小的表面上，采用纳米级设备把费因曼教授的大部分思想刻在一起，这也标志着对纳米技术的研究全面展开。

近年来随着纳米技术的不断发展，纳米技术的应用也愈发广泛。无论信息科学、生物科学、材料科学还是军事领域，都渗透着纳米技术的身影。纳米技术可将材料性质改性，如普通陶瓷易碎，而纳米技术制得的陶瓷拥有良好的韧性。纳米催化剂通常具有比表面积大、表面活性高等特点，有着传统催化剂所不具备的优良特性。目前，纳米材料在催化领域的研究已经取得一定的进展。另外，纳米材料还被广泛应用于环境保护、能源、化工生产等诸多领域。

催化反应中，催化转化的基础是吸附，因此，催化剂的催化效能受其本身吸附能力的影响。催化剂表面原子的配位不饱和度较高，具有较大吸附潜力[12]。在催化反应中，纳米催化剂为反应提供了平台，使反应物分子能够在其表面活化转化；或者使反应物分子在其表面发生解离，以此为基础，再进行进一步反应。

纳米催化剂根据是否负载其他组分，可以分成负载型和非负载型两大类，依据负载物质的种类，可以将负载型纳米催化剂进一步分成负载型金属纳米催化剂、负载型金属氧化物纳米催化剂、金属配合物/分子筛复合纳米催化剂等。同理，非负载型纳米催化剂可分为金属纳米催化剂、金属氧化物纳米催化剂、生物纳米催化剂、纳米膜催化剂、纳米分子筛催化剂等。负载型纳米催化剂回收利用率虽好，但其制备过程复杂、成本也较为昂贵。

1.3 纳米过渡金属氧化物催化材料的制备

纳米过渡金属氧化物是工业催化剂的重要组成种类之一，其优点是：有着比金属单质催化剂更好的热稳定性、热敏性以及抗毒化性能。

过渡金属元素本身具有 d 轨道电子和多种氧化态，其氧化物性能多样，在光、电、磁以及催化领域应用十分广泛，其中的未成对电子均具有一定的顺磁性和铁磁性，易发生化学吸附，这一特性十分有利于优化过渡金属氧化物纳米材料的催化性能。最初，对纳米材料的研究主要集中在负载型纳米金属材料，对过渡金属氧化物催化剂材料的研究有限，但其原料价廉易得，越来越多不同形貌的纳米过渡金属氧化物催化剂被成功合成。为了制备不同形貌的催化材料，寻找操作简单、可控且过程环保的合成手段成为研究者们现阶段的研究热点。虽然纳米过渡金属氧化物材料的应用潜力十分诱人，但在其合成上仍存在一定困难。为了克服这些困难，研究人员陆续开发出了软模板法、硬模板法、浸渍法、微乳液法、溶胶-凝胶法等合成手段。

1.3.1 软模板法

以表面活性剂等作辅助剂，使其与前驱体形成均一相，形成中间体后去除模板剂，即可得到目标产物，这一制备方法称为模板法。根据模板剂本身的特点，模板法又可以分为软模板法和硬模板法两种。

软模板法常以高分子共聚物或各种表面活性剂为模板剂。采用共聚物做模板剂时，利用不同结构单元与亲水链构成的嵌段共聚物的烷氧基与金属离子结合，从而起到结构导向作用，通过控制前驱体结构可以实现对材料结构的调节。而表面活性剂做软模板，主要是以表面活性剂分子在溶液中形成的胶束为模板剂，通过库仑力、氢键等分子间的相互作用形成中间相，前驱体转化为过渡金属氧化物后，再通过萃取或者焙烧等手段将模板剂去除，得到纳米（介孔）过渡金属氧化物。可作为软模板的表面活性剂的粒子类型有非离子型、阴离子型和阳离子型。非离子型的如 PEO-PPO-PEO(P123)，阴离子型的如硫酸盐、硫磺酸盐、磷酸盐等，而阳离子型主要为季铵盐类。郜晓曦等[13]采用表面活性剂模板法，以嵌段共聚物 P123 为软模板剂制备了铈锆复合氧化物；袁伟等[14]以 SDS/P123、CTAB/P123、CTBA/SDS 为混合软模板剂，制备了氧化镍催化材料；Crepaldi 等[15]以 Brij58 和 F127 为软模板，制备了单一组分的氧化钛和氧化锆材料。贺英等[16]以聚乙烯醇（PVA）、聚丙烯酰胺等亚浓溶液为模板，制备了 ZnO 纳米线或纳米棒。

1.3.2 硬模板法

硬模板法常用的模板有 SiO_2 模板、分子筛、碳模板、高聚物等。同软模板法相比，采用硬模板法制备的纳米材料，稳定性更好，且材料的形貌及大小更为可控。模板的制备由以下四步构成：首先，确定合适的模板，要求模板的孔道必须连通；第二，确定合适的前驱体，通过渗透注入的方式，将前驱体填充至模板的孔隙结构，此操作重复多次至所有空隙填充完整；第三，采用水热或焙烧等方法制得过渡金属氧化物，形成目标产物孔壁；最后，将硬模板去除，即得到目标产物。2006 年，赵素玲等[17]利用氧化铝模板成功制得直径约 300nm 的 α-Fe 相纤维阵列。

无论软模板法还是硬模板法，都存在一定缺陷，如模板剂的去除不易、纳米结构易造成损坏、尺寸大小的调控能力有限、反应条件苛刻等。

1.3.3 浸渍法

浸渍法是将载体放于含有活性物质的溶液或溶胶中，浸渍平衡后分离，取样品干燥、焙烧，最终制得目标催化剂的一种方法。其优点是操作工艺简单、成本低廉，缺点是分布不均匀以及容易受其他组分干扰。

吴思展等[18]设计并制备了新型 S_2O_8/V_2O_5 纳米催化剂，并研究了制备条件对催化剂活性的影响；吕刚等[19]制备了 V_2O_5-WO_3/TiO_2 催化剂，并评价了其在 SCR 反应中的活性；2010 年，Mahadwad 等[20]采用浸渍法制备了纳米 TiO_2/ZSM-5 催化剂。

1.3.4 微乳液法

微乳液是在适当比例下，由两种不互溶的液体在表面活性剂或助表面活性剂自发形成的分散体系。调节配比即可调节颗粒大小。根据微观结构，可将其分为 O/W、W/O 和油水双连三种结构[21]。此方法的优点是：制备的材料粒径小、分散性好、装置简单。

Chen 等[22]在水热状态下，保持130℃恒温15h，在CTAB/正戊醇/正己烷/水微乳体系中，制备了NiS纳米管；王广胜等[23]采用改进的微乳液法，以十二烷基苯磺酸钠为表面活性剂，成功制备出ZnO纳米线束。

1.3.5 溶胶-凝胶法

溶胶-凝胶（sol-gel）法通常以金属无机盐/醇盐为前驱体，依靠前驱体水解或发生聚合反应，再浓缩处理后形成溶胶-凝胶，使过渡金属原子达到有序排列，经过进一步热处理，生成过渡金属氧化物，从而得到纳米过渡金属氧化物颗粒。此方法适用于许多不同种类过渡金属氧化物的制备。其优点是操作简单、均一性好，但该技术还不够完善，溶胶-凝胶形成制备过程中还存在一些困难，在调节孔径尺寸方面也很乏力。

李新军等[24]以溶胶-凝胶法成功制备了磁性纳米复合催化剂、TiO_2/Fe_3O_4等；Wu 等[25]采用改进了的溶胶-凝胶法制备了 V/TiO_2-NE 纳米复合催化剂，并将其应用于吸收可见光领域；高家诚等[26]采用溶胶-凝胶法制备了纳米五氧化二钒催化剂，研究了制备该催化剂的最佳制备条件，并表征了催化剂的大小、分布及形貌；2010年，Zainudin 等[27]将四异丙醇钛、乙醇、蒸馏水依照1∶2∶5的比例制成溶胶-凝胶溶液，在80℃下干燥24h，制得纳米TiO_2，再将产物与ZSM-5分子筛、硅凝胶混合，用磁力搅拌器搅拌30min，干燥，移入马弗炉中，在600℃煅烧3h，最终制得新型纳米TiO_2/ZSM-5（SNTZS）催化剂，用降解苯酚溶液反应对其光催化效率进行了测试，结果良好。

1.3.6 其他方法

Gedanken[28]通过超声水解醋酸锌，制得具有微孔-介孔多级结构的，但比表面积较小（$17m^2/g$）的氧化锌；Windawi 等[29]采用晶粒自组装法制备了有序氧化锡，反应在非水体系中进行，并将材料成功应用于催化等领域；R. Burch 等[30]通过硝酸催化水解缩聚丁氧基钛制得介孔TiO_2，比表面积高达$470m^2/g$。

1.4 介孔材料

1.4.1 介孔材料简介

根据国际纯粹和应用化学联合会（IUPAC）的定义，按孔径大小把介孔材料分为：微孔材料（microporous materials，$d < 2nm$）、介孔材料（mesoporous materials，$2<d<50$nm）和大孔材料（macroporous materials，$d>50$nm）[31]。相比于微孔材料与大孔材料，介孔材料具有规整的孔结构、孔径分布较窄且可调、较大的比表面积和孔体积、形貌可控等优势，由于小尺寸效应、表面效应及介电限域效应等使介孔材料的物化性质优于其体相材料。在化学分离与提纯、生物新材料的制备与应用、化学合成工艺、半导体材料、超轻结构材料等许多领域都具有广阔的应用[32]。

根据介孔材料孔道的有序程度不同，可将介孔材料分为无序介孔材料和有序介孔材料两种[33]。无序介孔材料的孔径分布范围较宽，孔道的形状也不规则，如普通的 SiO_2 气凝胶、微晶玻璃等。有序介孔材料是 20 世纪 90 年代初迅速兴起的一类新型纳米材料，有序介孔材料的比表面积相对较大，孔径分布较窄而且孔道结构规整。在催化的反应中适合反应物分子或基团的吸附，其催化性能要优于沸石类分子筛。此外在有序介孔材料的骨架中可以有效掺入有氧化-还原能力的金属离子或氧化物使其功能化，进而改变介孔材料的性能，从而能适于催化不同类型的化学反应。

根据材料的组成成分不同，可将介孔材料分为有硅基介孔材料和非硅基介孔材料两类。SiO_2 是硅基介孔材料的主要组分，而非硅基介孔材料的组分是其他的非硅氧化物、盐类或者是金属等，例如过渡金属氧化物、磷酸盐和硫化物等，它们在高温下的热稳定性均不高，所以获得的孔结构容易塌陷，从而造成比表面积较低，这限制了非硅基介孔材料的大规模制备。除此之外，由于介孔金属氧化物具有不同的组成和价态，使其在合成时较为困难，但介孔金属氧化物具有自身的特性以及规整有序的孔道结构，在催化化学、光电转换、吸附分离等领域存在着潜在应用价值，因此对介孔金属氧化物的研究工作逐渐引起科学家的关注。介孔材料的合成是从介孔硅材料的孔道开始的，高比表面积的介孔硅一出现便引起了研究者对介孔材料研究的高度重视[34]。目前制备硅系介孔材料已经存在相对成熟的制备机理，例如液晶模板机理与协同机理，这两种机理都已经形成成熟的制备方法，还有水热合成法、溶胶-凝胶法等。而介孔金属氧化物的制备方法同样也比较成熟，例如软模板法、硬模板法、溶胶-凝胶法和蒸发诱导自组装法[35]。

介孔材料的主要特点：（1）材料具备规则的孔结构，在微米尺度上能够保持孔道有序性；（2）孔径分布窄，在 2～50nm 之间可调；（3）具有较高的比表面积（$1000m^2/g$），并且具有高孔隙率；（4）若对材料进行功能化处理，会使其具有良好的水热以及热稳定性能；（5）微观结构介孔材料的孔壁分为无定形或多晶态两种，有的也带有一定的微孔孔道；（6）介孔材料外观形貌规则且可控。

1.4.2 介孔氧化物材料

与硅基介孔材料相比较，介孔氧化物材料的不足之处在于其合成机制还不够完善，焙烧后得到的介孔材料的孔壁在固液的催化反应体系中容易塌陷，使其催化性能不稳定、热稳定性不高，从而致使材料的比表面积低且孔体积较小。目前研究者的研究兴趣逐渐从硅基材料上转移到非硅基的介孔金属氧化物材料的研究上。但在组成上介孔氧化物材料存在着多样性从而使其具有一定的特性，因而引起越来越多的关注。科研人员不断研究各种不同的方法来合成这种材料，其中主要包括软模板法、硬模板法和蒸发诱导自组装法等[36-39]。这在很大程度上拓宽了合成介孔金属氧化物及其复合物的方法，为后来对于介孔物质性能及物质的应用研究提供了理论基础。催化剂的活性不但与其活性组分组成有关，还受催化剂的结构特别是表面结构、表面物种的影响。介孔金属氧化物不但具有自身的体相材料所共有的特性，而且还有介孔材料上的结构特点，即可以使金属氧化物或负载的活性组分充分暴露在外表面的特性[40-41]。

1.4.3 介孔材料的表征

可以采用 X 射线衍射（XRD）、透射电子显微镜（TEM）、扫描电子显微镜（SEM）、N_2 吸-脱附曲线（BET）和紫外可见光漫反射（UV-Vis）等技术表征介孔材料的物化性质。其中在小角 XRD 图中，一个确认材料具有介孔结构的标志是在低角度的衍射区域（$2\theta<10°$）出现衍射峰[42]。如果所制备的材料的结晶度高，则在广角度衍射区域便能观察到晶体结构尖锐的衍射峰。研究工作者可借助 TEM 照片观察介孔材料的外观形貌和孔道结构，该技术可以直观地观察到样品的外观形貌和孔道结构，通过在 SEM 技术下可以得到样品表面的高分辨率图像，因此所制备的样品可用扫描电镜来观测其表面结构形态。还可以通过选区电子衍射（SAED）图样判断样品的晶化程度，若结晶状况良好，则衍射线或衍射环清晰尖锐且可辨，与 XRD 图相印证。通过 BET 技术可以测定介孔结构的比表面积、孔体积以及孔径分布等的情况。

1.4.4 介孔材料的制备方法

1.4.4.1 软模板法

软模板法的过程原理是在溶液当中，以表面活性剂或者是高分子化合物作为模板导向剂，利用有机模板剂和无机前驱体之间的相互作用，通过纳米自组装技术来合成有介孔结构的有序无机-有机复合材料，然后通过焙烧或溶液溶解除去有机模板剂即得到需要的介孔材料。利用此方法制备的介孔材料在自组装过程中对其体系便于进行动力学控制。软模板法是在制备介孔材料的首选方案，因此也一直受到众多科研工作者的青睐。自从1992年Mobil公司[43]的科研工作者第一次成功地利用软模板法制备得出介孔氧化硅材料后，许多介孔无机氧化物被广泛地应用在纳米材料的研究领域中。在通过软模板法来合成介孔材料的过程中，许多有序介孔材料的合成机理也随之产生。例如：液晶模板机理，先选用表面活性剂，通过溶解、搅拌等过程形成液晶相，然后再加入无机前驱体，前驱体在溶解过程中其单体分子或者齐聚物与两性物质的亲水端存在着相互引力的作用，在胶束棒结构之间的孔隙中形成沉淀，再经过聚合和固化成孔壁[44]。还有协同组装作用机理，该机理认为当加入无机前驱体之后，再与表面活性剂形成液晶相，是胶束与无机物之间相互协同作用的结果产生的[45]。此外还有Antonelli等[46]研究的电荷匹配机理，Chen等[47]研究的硅酸盐层状折皱模型以及Pal等[48]研究的硅酸盐棒状自组装模型。由于软模板法需要通过焙烧的方法才能去除模板剂并将材料转化为晶态的氧化物，但是在焙烧的过程中，介孔材料的孔道结构不稳定而容易塌陷，这会破坏材料的有序孔道结构，降低比表面积[49]，这大大限制了软模板法在合成介孔材料中的广泛采用。为了合成晶态的介孔氧化物材料，科研工作者们通过改变被烧程序、有效的掺杂、改变合成体系以及利用超声波技术对软模板法进行了改进，并取得了很大的进展。

1.4.4.2 硬模板法

合成介孔金属氧化物材料的另一有效的方法是硬模板法，又称纳米复制法[50]。该法选用的硬模板可以是具有孔隙的介孔氧化硅材料、炭材料等，先将无机金属前驱体充满模板的孔道中，然后经过高温缓慢焙烧，使前驱体在纳米孔道中生成氧化物晶体，再除掉介孔硬模板即可制备出与原模板具有相似结构的介孔材料。常用的硬模板有SBA-15、SBA-16、KIT-6、CMK-3和CMK-8等。

硬模板法的出现早在1996年，韩国的科研工作者为在研究介孔氧化硅的孔道形貌时，实验中，在高温下，首先在模板的空隙中填充满铂盐溶液将其还原后，再用HF溶液去除氧化硅模板，这样即制备出了介孔铂纳米管[51]。与软模板法相比，硬模板法优势在于操作方法简单易行：它的制备过程的条件温和，因此越来越受广大研究者的关注。Zhu等[52]在2003年第一次利用硬模板法方法合成出了非硅基晶态介孔金属氧化物。Jiao等[53]研究人员则选择介孔二氧化硅（KIT-6）作为模板、硝酸盐作为前驱体，在此条件下具有立方对称性的有序介孔

Fe_2O_3 材料被成功地制备出来。目前，通过硬模板法已经有几十种晶态介孔金属氧化物材料被成功地合成出来。

总体来看，通过软模板法和硬模板法合成有序介孔金属氧化物的方法和机理已经趋向成熟。软模板法的优点是模板成本相对硬模板法比较低、合成方法简单且易于操作、条件温和。主要缺点是金属离子在水解和聚合反应过程中对湿度较为敏感，因而得到的产物常常孔壁晶化状况相对较差，在晶化时，孔道结构容易引起坍塌，并且这样制备的样品其热稳定性和水热稳定性都相对较差[54]。硬模板法的优点是它的普遍适性较强，因此若想控制目标样品的介孔结构可以通过选用结构不同的硬模板来实现。此外，硬模板法中所使用的 KIT-6 模板的热稳定性很高，因此能够在高温作用，这种特点可以令大多数的金属氧化物在其表面高度结晶，从而合成出结晶度高的介孔材料[55-56]。硬模板法的缺点是需用 NaOH 溶液或 HF 溶液去除硅模板而造成污染或氧化物流失；硬模板法的制备工艺流程烦琐复杂，需先合成介孔二氧化硅硬模板再经去除模板来制备介孔金属氧化物，耗费大量的时间和财力；此外，定向注入前驱体很难实现，前驱体的填充量受制于主体材料。

1.4.4.3 蒸发诱导自组装技术

蒸发诱导自组装技术（EISA）是合成介孔材料的新方法。先加入结构导向剂，当起始浓度低于形成胶束的临界浓度时，因有机溶剂的挥发特性使无机物种结晶形成导向剂复合液晶相，再与无机物进一步进行交织联合，从而得到均一稳定的介孔材料。该方法操作简便过程易控制，因此，正逐渐成为一种制备有序介孔材料的重要方法。可以利用该技术来制备薄膜状、单片物质、球状以及块状体的介孔材料。Brinker[57]课题组合成出来的介孔氧化硅薄膜材料就是采用了该种方法。Stucky 等[58-61]研究人员利用该技术合成出 Nb_2O_5、TiO_2、Al_2O_3 等氧化物介孔材料。合成非硅氧化物的过程也是比较简单的，在乙醇溶液中溶解无极前驱体，再加入嵌段共聚物结构导向剂，最后加热，保持在 40~50℃ 的温度下蒸干溶剂，即可以得到介孔结构材料。

到目前为止，仍有许多能成功有效地合成功能金属氧化物的方法尚未被发现。因此在合成介孔金属氧化物材料的研究工作仍面临许多挑战，在今后的科研工作中，人们重点应研究如何合成出具有高比表面积、介孔结构优良、能广泛应用于工业生产和生活中的功能型有序介孔金属氧化物材料。

1.4.5 介孔氧化物材料的应用

介孔氧化物具备独特的特点和优良性能，已经广泛地在催化、环境、光电、纳米和生物、工程、医药等领域使用。

（1）在催化方面的应用。过渡金属氧化物广泛地应用在催化领域，除了介孔二氧化硅以外，其他介孔金属氧化物本身就是良好的催化剂，比如在有机物的光催化降解和有机化学品的光催化还原等方面体现出优越的催化性能的介孔氧化物材料 TiO_2[62-63]，对处理汽车尾气有一定的催化作用的介孔材料 CuO。当介孔材料中掺杂不同金属离子或者非金属元素，在材料的骨架中就会形成具有酸碱性能或氧化还原性能的活性中心，如 Zr、Al、Cu、Co、La、B、Mg、Fe 等非硅原子的掺入可以获得具备了催化性能的催化活性中心。如利用水热法制备了 Zr-MCM-41 分子筛，将其用于苯酚叔丁基化的实验中，结果发现苯酚的转化率达到了 83%[64]。掺杂金属离子或者非金属元素也能改变介孔材料的催化性能，如将 Ce 掺入 TiO_2 的骨架中，增强了其热稳定性，也提高了 TiO_2 催化性能。

（2）在环境保护方面的应用。大量的有毒污染物进入大气、水体、土壤，直接危害着人类的健康。环境污染严重地制约了可持续发展，通常利用吸附法、离子交换法、催化降解等方法来治理环境。介孔材料由于具有开放的孔结构，而且孔径分布窄以及其比表面积和孔体积较大，因此可以用来作为优良的环境净化处理材料。目前科研工作者的主要研究热点是利用具有吸附和催化特性的介孔材料来治理环境污染。大量温度小于 100℃ 的工业废热直接被排放到大气中，需要开发具有高蓄热密度的储能材料来降低热损失。Liu 等[65]开发了一种介孔复合材料，即向介孔陶瓷蜂窝过滤器加入氯化钙，利用其吸附和解吸性能开发了吸热储能材料。

（3）在生物医药领域的应用。介孔分子筛的孔径分布较窄并且具有均一可调性、较高的比表面积和规整的孔道结构，除此之外在应用中还不会产生生理毒性。这些物理化学特性是其他材料所不具有的。因此把具有较高生物活性的大分子如蛋白质、酶等固定到介孔材料中将会得到在各种生物活动具有优异性能的新型材料。对 MCM-48 和 SBA-15 等介孔分子筛在生物酶固定化载体方面的研究表明，为了构筑一个固定化酶的微环境，利用介孔分子筛表面的自由硅羟基与—COOH、—NH_2、—$CH_2=CH_2$ 等有机官能团之间的嫁接来构筑固定化酶的微环境，这样可以优化酶分子以及载体之间的亲和作用从而使固定化酶的活性提高[66]。Yiu 等[67]通过实验制备得到不同大小孔径的介孔材料，他们利用的是经过氨基化的介孔分子筛 SBA-15，实验中通过对溶液中离子强度的调节，来达到对不同蛋白质分子的筛分。

（4）在电化学方面的应用。介孔材料的表面积大且有丰富的孔道结构，这促进了电极与电解质的接触，利于孔道内的离子扩散，大量的锂离子通过界面，在充电与放电之间为电子的转移提供了适当的空间[68]。Zhang 等[69]利用超分子模板法结合层层沉积的方法制备了厚度和形态都不相同的介孔二氧化钛材料，同时研究了其在染料敏化的太阳能电池中的性能。当膜的厚度为 5~6μm 时会达到最大的效率为 6%~7%。在此试验中电池的染料负载量、光的性能以及电子的传输性能受膜的形态影响。

(5) 在能源领域的应用。在能源领域中有一重要的研究课题是关于固体燃料电池的研究。Antonelli 课题组[70-71]详细地研究了氧化铌介孔材料的电磁学性质，将甲苯、萘、二茂钴、二茂镍等化合物填充到氧化铌材料的孔道空隙之中，从而得到了一系列具有比如超磁性等特殊性能的阳极材料。Ozin 研究小组[72-73]进行了这样一项研究，他们将二元复合介孔 Y_2O_3-ZrO_2 材料作为固体氧化物燃料电池。具备中孔结构的纳米 TiO_2 粒子，可用于染料敏化太阳能电池中，由于介孔材料具备较高的比表面积，增大了光敏燃料分子对太阳光的化学吸附量，利用电化学沉淀法制得的太阳能电池其单色光的转化率可达到 37%[74]。

1.5 纳米过渡金属氧化物的应用及研究进展

过渡金属氧化物由于其本身独特的价电子轨道，能够呈现出多种价态，因此可以形成多种氧化物，在催化、光、电、磁等领域都有着广泛的应用。

1.5.1 催化剂领域应用

纳米材料兼有材料自身的特性和纳米结构的特性，能够较大程度提高材料的催化性能，这使得过渡金属氧化物在催化领域的应用十分活跃。

VOCs 易引起雾霾，危害人身健康。目前，催化氧化法是去除 VOCs 的主要方法之一。García 等[75]以 CoO_x 为催化剂，丙烷为探针，对 VOCs 进行催化氧化处理，在 225~275℃ 温度范围内，丙烷浓度为 0.8%时，可以完全氧化；Wang 等[76]以氧化铬为催化剂对催化剂氧化甲苯的性能进行了评价，发现催化剂的孔结构、多价态和比表面积是氧化甲苯的主要决定因素；Hoffmann 等[77]以 NiO-ZrO_2 复合氧化物为催化剂，在装配有质谱仪的半歇式微型反应器中进行苯胺合成，在 590℃下可合成单一组分的苯胺；Wu 等[78]关于乙烷的催化氧化脱氢反应结果表明，纳米氧化镍催化剂在较低反应温度下的催化效果较大尺寸氧化镍更好。

同样的，机动车尾气是城市空气污染的重要来源之一，氮氧化合物是汽油机尾气中的成分，选择性还原（SCR）被认为是处理较高浓度氮氧化合物的有效方法之一。

1.5.2 光催化领域应用

光催化是光电化学与催化化学的交叉领域，光催化反应是一种必须在光子激发下才能进行的催化反应，光催化反应所采用的催化剂叫光催化剂，也叫光触媒。光催化的研究起步较晚，但近几十年得到广泛关注。纳米催化剂可将空气中的有机污染物完全催化降解，最终分解成无机酸、CO_2 和 H_2O。

二氧化钛作光催化剂处理环境污染物是近年来的研究热点之一。Akpan 等[79]采用溶胶-凝胶法制备了 TiO_2/SiO_2 介孔膜，使 TiO_2 以颗粒形式分布于 SiO_2 基体，发现在光照条件下，对空气中的有机污染物有自清洁作用；Sun 等[80]以 Co-Ti 复合氧化物为催化剂，进行了甲基橙降解反应，发现催化剂的光催化效率比单一组分的 Ti 高得多。

1.5.3 电化学领域应用

为了解决能源危机问题，人们加快了替代能源的开发步伐，其中电极材料受到广泛关注。提高材料的电化学性能，是电极材料的研究重点。Zhang 等[81]合成出不同厚度、不同形态的氧化钛，经研究发现，膜的形态对电池的性能有所影响。还有研究表明，纳米镍粉的轻烧结体可用于化学电池等领域，其可以提高电池的效率，对电池的小型化发展更有利[82]。

1.5.4 其他领域应用

氧化锰材料被证明具有半导体性能[83]；Lawrence 等[84]制备了可用于半导体波导表面材料的 TiO_2 薄膜；Cosnier 等[85]以 TiO_2 膜作为传感材料，用来检测 H_2O_2 含量；Sarkar 等[86]研究表明，Rt-Rh 纳米催化剂对于 NO 还原反应表现出较好的催化活性。

1.5.5 纳米过渡金属氧化物研究进展

纳米材料由于其本身特性，是目前十分具有应用前景的材料。氧化镍为面心立方结构，是典型 p 型半导体，是一种优秀的功能性材料[87-88]。纳米氧化镍具有优秀的电化学性能和催化性能，常被用于催化领域、电化学领域等。

Tian 等[89]以 SBA-15 为模板，在微波辅助下，采用蒸发法合成了介孔氧化镍；Wang 等[90]采用硬模板法合成了介孔氧化镍，并进行了电容性测试。研究表明，制得的氧化镍电容约为 120F/g；Yue 等[91]以介孔二氧化硅为模板采用固液方法合成了介孔氧化镍；宋伟明等[92]以硝酸镍为金属源，十二烷基苯磺酸钠（SDBS）为模板剂，80℃下反应2h，制得介孔金属复合物NiOS，比表面积可达170m^2/g，孔径为2.2nm，将上述反应制得的产物，应用于正辛醇乙氧基化的催化反应，EO平均反应速率可达1.8mol/(g·h)；刘昉等[93]以碳酸镍为金属源，SDS为模板剂，制得了比表面积大于200m^2/g、孔径介于2~10nm间的H3型介孔镍，热稳定性良好；刘辉等[94]以六水合硝酸镍为金属源，聚乙二醇（M_r=6000）为模板剂，在微波水热法辅助下，先制得氢氧化镍微球，再采用水热法进一步制得了介孔氧化镍微球，样品比表面积可达234m^2/g，孔径小于5nm，并进行了进一步的电化学研究；王晨等[95]在ITO导电玻璃上，使用脉冲电沉积技术制备了介孔氧化镍电致变薄膜，并使用循环伏安法测试了产品的电化学性能；袁伟等[96]以六水合硝酸镍为金属源，尿素为沉淀剂，少量的表面活性剂为模板，采用水热法制备了介孔氧化镍，并也对制得的氧化镍进行了电化学性能测试。结果表明，以SDS/P123为模板剂，当质量比为2∶1时，样品的比表面积可达209m^2/g，比电容为265F/g；肖凤等[97]以TiO_2纳米管阵列为基底，采用水热法制备了NiO介孔薄膜。在充放电电流密度为2.5A/g时，电容可达918F/g，在充放电电流密度5A/g下循环2000圈，电容保持高达93%，说明产物是较为理想的超级电容器材料；湛菁等[98]采用水热法和热分解法，成功制备了球形介孔氧化镍粉末。比表面积为35m^2/g，孔径为15.9nm，对乙醇表现出良好的催化活性，稳定性也较好。

二氧化锰催化剂催化活性良好，由6个氧原子与1个锰原子配位形成，通常为六方堆积或立方堆积结构。二氧化锰的晶型主要有α-MnO_2、β-MnO_2、γ-MnO_2、δ-MnO_2M几种。二氧化锰的八面体［MnO_6］结构还可以与不同的阳离子及水分子结合，进一步形成不同晶系。二氧化锰绿色环保，并由于其具有独特的物理、化学性质被广泛用于催化、电容器、吸附等领域。洪昕林等[99]以高锰酸钾为金属源、脂肪聚氧乙烯醚（AEO_9）为模板，采用溶胶-凝胶法，制备了比表面积达387m^2/g、孔径5nm的介孔氧化锰材料，材料热稳定性良好。薛同[100]分别以高锰酸钾为金属源，Brij-56为表面活性剂，采用氧化还原沉积法制备了介孔氧化锰，比表面积为245m^2/g，孔径主要介于2~20nm，电容可达200F/g，存在一定的应用潜力。杨加芹等[101]以氯化锰为金属源，碳酸钠为原料，采用热分解法成功制备了介孔二氧化锰材料，比表面积为91m^2/g，孔径平均为3~5nm，在之后进行的电化学性能测试中展现出很好的性能，50mA/g的电流密度下，首次放电比容量可达204.5mA·h/g，20周循环后，电容量保持率高达83%。彭少华等[102]先以$(NH_4)_6Mo_7O_{24}\cdot 4H_2O$和$MnCl_2$为原料，制备出$MnO_2/MoO_3$复合氧化物，再将复合物溶于氢氧化钠溶液，最终得到介孔α-MnO_2样品。在之后进行的电极循环伏安研究中表明：当电位窗口在-0.2~0.8V(vs. SEC）范围内，扫描速度为5mV/s时，1mol/L Na_2SO_4 溶液制备出的介孔 α-MnO_2 样品，其比电容为345F/g。隋铭皓等[103]采用硬模板法设计并制备了介孔二氧化锰，并对其催化活性进行了研究。结果表明，介孔二氧化锰可以明显削弱诺氟沙星抗菌活性，进一步的研究表明，介孔氧化锰促进了过氧化氢的分解。程海军等[104]以高锰酸钾为金属源，在过氧化氢作用下，通过沉淀法成功设计并制备出介孔氧化锰催化剂并进行了催化氧化甲醛的活性实验，实验结果表明，催化剂样品可以将甲醛催化氧化，生成对二氧化碳和对环境无害的水。在4h后，甲醛的净化率可达99%。2017年，大连理工大学的张建琳等[105]以硝酸锰为前驱体，SBA-15为模板，制备了纳米棒状的介孔 MnO_2 样品，样品比表面积可达 $142m^2/g$，对草酸的吸附能力远远高于非介孔二氧化锰。赵艳磊等[106]以硝酸锰为前驱体，KIT-6为硬模板，采用浸渍法制备了三维有序介孔 MnO_2。在甲醛浓度为30mg/L时，室温下甲醛转化率为33.3%，40℃下甲醛可完全降解，这一实验温度也是目前报道中的最低降解温度。太原理工大学的任强等[107]以聚乙烯吡咯烷酮（PVP）和高锰酸钾为原料，采用氧化还原法成功制备了介孔氧化锰材料，非晶二氧化锰材料在电化学测试中表现出良好的电化学性能，在5A/g的电流密度下，经过1100次电流循环后，电容保持率仍有72.6%。

2 Ce-Co 催化剂制备表征及其氧化甲苯性能

大气污染是我国目前最突出的环境问题之一，工业废气是造成大气污染物的重要来源。无限制地排入大气中的大量工业废气使大气环境质量急速降低，给人体健康带来不可预估的危害。在工业生产中产生的有机物废气，主要成分包括各种低碳烃类、醇类、醛类、酸类、酮类和胺类等挥发性有机化合物。催化氧化技术是迄今为止消除低浓度 VOCs 最有效的方法之一，催化氧化技术的核心就是催化剂的研究与制备。

一般来讲，过渡金属氧化物催化剂对 VOCs 的催化活性较低，稳定性较差，因此近年来很多科研人员将目光转向多组分金属复合氧化物催化剂。其中，在过渡金属氧化物催化剂中添加稀土元素的效果极为显著，能够极大程度地提高催化剂的活性和稳定性。有参考文献阐述，添加 Ce 后，催化剂的比表面积与孔体积有所降低，氧化铈的负载量可影响催化剂的结构特性；添加 Ce 后，还原峰的温度降低，说明催化剂的氧化性能有一定程度的提高；添加 Ce 金属可以与催化剂中其他某些金属产生协同作用，使催化剂中主要活性成分氧化价态提高，即提高催化剂的氧化活性。本章对过渡金属 Ce 与 Co 元素通过直接热分解法制备的过渡金属复合氧化物催化剂的物化性质及催化性能进行探究。

2.1 实　　验

2.1.1 实验试剂及仪器

本实验所使用的化学试剂均为市售药品，见表 2-1，使用前未经任何处理。实验所用主要试剂和仪器列于表 2-2 中。

表 2-1　实验所用主要试剂

试剂名称	试剂纯度	生产厂家
无水乙醇	分析纯	天津市天力化学试剂有限公司
柠檬酸	分析纯	天津虔诚伟业科技发展有限公司

续表 2-1

试剂名称	试剂纯度	生产厂家
硝酸铈	分析纯	天津市光复精细化工研究所
硝酸钴	分析纯	天津市化学试剂批发部经销（光复）
硝酸锰	分析纯	Adamas Reagent Co.，Ltd.
甲苯	分析纯	
乙酸乙酯	分析纯	
氮气	99.999%	
氧气	99.999%	
空气（配比 $O_2:N_2=1:4$）	—	

表 2-2 实验所用主要仪器

仪器名称	型 号	生产厂家
电子天平	AY-220	日本岛津公司
真空干燥箱	DZF-6020	上海博远实业有限公司
马弗炉	KSW-5-12A	天津市中环实验电炉有限公司
玛瑙研钵	—	—

2.1.2 催化剂制备

采用柠檬酸作辅助剂，金属硝酸盐作金属源的直接热分解法制备 Ce 基介孔金属复合氧化物催化剂。将一定质量的柠檬酸、硝酸铈、硝酸钴分别于玛瑙研钵中研磨至粉末状态，将柠檬酸、硝酸铈和硝酸钴按照不同的摩尔比混合，混合均匀后平铺于干燥的灰皿中，放入马弗炉中在不同温度（500℃、400℃和 300℃）下进行热分解，升温速率为 2.5℃/min，达到目标温度后保温 180min，冷却至室温后取出样品，用无水乙醇、蒸馏水分别冲洗三次，抽滤，再放到烘箱中缓慢升温至 100℃，干燥 120min，制得 Ce-Co 复合氧化物催化剂。在 500℃分解温度，Ce：Co：柠檬酸摩尔比分别为 1：1：1、1：1：2 的催化剂命名为 CC-1 和 CC-2；400℃条件下 Ce：Co：柠檬酸摩尔比为1：1：1的催化剂命名为 CC-3。作为对照用，500℃条件下 Ce：柠檬酸摩尔比为 1：1 的催化剂命名为 Ce-1，500℃条件下 Co：柠檬酸摩尔比为 1：1 的催化剂命名为 Co-1。

2.2 催化剂性能评价与结构表征

2.2.1 催化氧化甲苯性能评价

催化氧化去除 VOCs 的活性评价采用甲苯作为探针反应。所用的是石英管固定床微反应器，其内径是 4mm。催化剂（40~60 目）和石英砂（40~60 目）的填装和具体的气路图如图 2-1 所示。

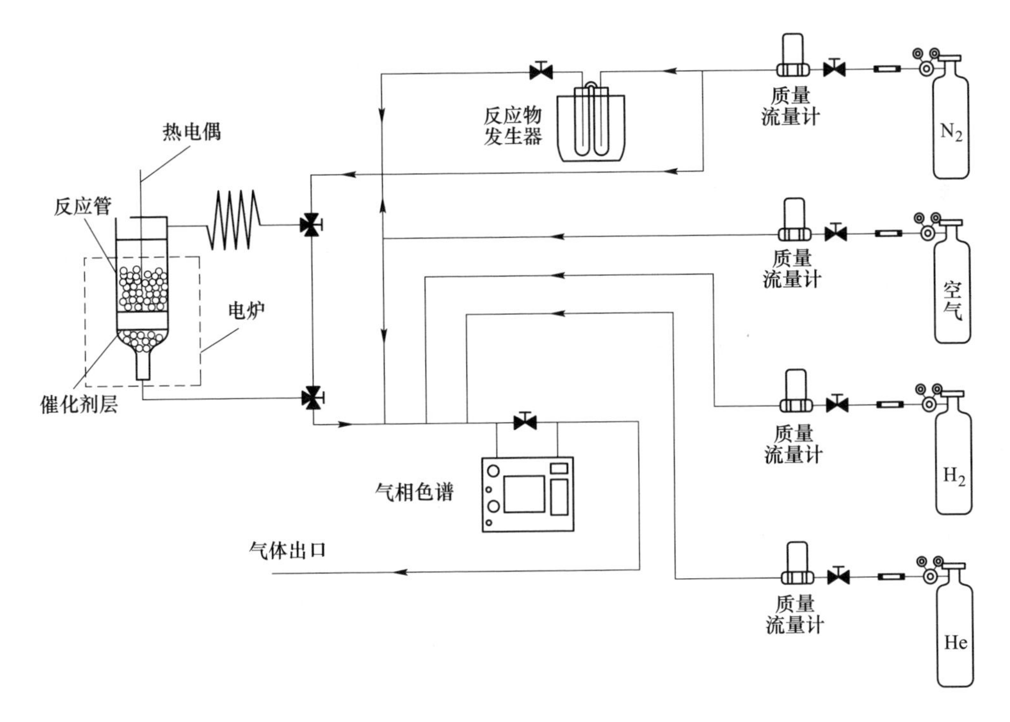

图 2-1 VOCs 催化氧化装置图

在催化剂层上下填装的石英砂是为了避免反应管温度的局部过热。反应混合气（$VOCs+O_2+N_2$）的总流量是 33.3mL/min，甲苯或乙酸乙酯的浓度为 0.1%，其浓度可以通过甲苯、乙酸乙酯的饱和蒸汽压（与温度有关，本实验采用冰水浴）和携带用的 N_2 流量来控制，携带用 N_2 的流量可以采用公式 2-1 来计算。氧气与甲苯或乙酸乙酯的摩尔比为 1∶400，空速（SV）为 20000mL/(g·h)，通过改变催化剂的用量来考察空速对催化剂活性的影响。

携带 VOCs 的 N_2 流量（mg/L）计算式如下：

$$[\mathrm{VOCs}] = 10^6 \times \frac{p_{饱和} \times \dfrac{V_{携带}}{V_{总}}}{p_0} \tag{2-1}$$

式中 $p_{饱和}$——VOCs 在 0℃时的饱和蒸汽压，kPa；

p_0——标准大气压，为 101. 325kPa；

$V_{携带}$——携带 VOCs 用的氮气流量，mL/min；

$V_{总}$——混合气体的总流量，mL/min。

为了避免出现畸温现象，在实验开始前，将催化剂在 120℃温度下进行饱和吸附反应混合气 1. 5h。分析结果的测定是在一定温度下反应体系稳定 20min 后用气相色谱在线分析。

色谱条件是：使用氦气为载气，载气流速 30mL/min，TCD 检测器，检测电流设置为 120mA，Carboxen 1000 填充柱分离永久性气体，Chromosorb 101 毛细管柱分离有机物，检测甲苯时的进样口（inject）温度、柱温（column）和检测器（dectect）温度分别为 190℃、190℃和 200℃，检测乙酸乙酯的进样口温度、柱温和检测器温度分别为 150℃、150℃和 160℃。

2. 2. 2 X 射线衍射分析

X 射线衍射（X-ray diffraction，XRD）技术常用于分析测定催化剂的晶相结构，是一种确定物质组成的重要手段。其原理建立在 Bragg 方程基础上，当入射 X 光与晶体的几何关系满足 Bragg 方程时会产生衍射线。各晶体均具有不同特征衍射线，可以由此确定样品的晶相结构。

本实验采用日本 Rigaku 公司的 Ultima Ⅳ型 X 射线衍射仪对样品进行物相分析，衍射条件：辐射源为 Cu，波长为 0. 15406nm，电源电压为 50kV，电流为 40mA，在狭缝条件下对样品催化剂进行广角（$2\theta = 10° \sim 80°$）范围的 XRD 分析。将所得 XRD 谱图与 JCPDS 标准卡片进行对照。

2. 2. 3 扫描电子显微镜分析

扫描电子显微镜（scanning electron microscopy，SEM）常用于观测催化剂的表面形貌并分析微区的成分。

扫描电镜的原理是采用一束极细的电子束来扫描样品，在样品的表面激发出次级电子，次级电子的量与电子束的入射角有关，即与样品的表面结构有关，次级电子由探测体收集，经闪烁器转变为光信号，再通过光电倍增管和放大器两个组件转变为电信号，由此控制荧光屏上电子束的强度，屏幕显示与电子束同步的扫描图像。图像为立体形象，直观反映样品的表面微观形貌。

本实验使用的是 JEOL JSM 6500F 型扫描电子显微镜（日本电子株式会社）来观察样品的形貌，加速电压为 10kV。

能谱（energy dispersive X-ray spectroscopy）分析为扫描电镜附件，其工作原理为由电子枪发射高能电子，由电子光学系统中的电子束激发样品室中的样品，产生背散射电子、俄歇电子、二次电子、透射电子、吸收电子等多种电子和 X 射线、阴极荧光等多种信息。X 射线光子由探测器接收后发出电脉冲讯号，由于光子能量不同，经过放大整形后送入多道脉冲分析器，通过显像管就可以观察按照特征 X 射线能量展开的图谱。一定能量上的图谱针对元素定性分析，图谱上峰的高低针对元素定量分析。

本实验采用日本日立公司，S-4800 型场发射扫描电镜，放大倍率为 100×，最大电压为 15.0kV。

2.2.4 透射电子显微镜分析

透射电子显微镜（transmission electron microscopy，TEM）通常用于测定分析样品的结晶、粒子形貌、粒子粒径等。透射电子显微镜是常用于表征微观结构的技术之一。

透射电镜的总体工作原理是：由电子枪发射电子束，在真空通道中沿镜体光轴通过聚光镜，然后将之汇聚成一束光斑，照射在样品室中的样品上。透过样品后的电子束带有其内部结构信息。经物镜会聚调焦并初级放大后，电子束进入下级的中间透镜和投影镜进行综合放大成像，电子影像最终投射在荧光屏板上。荧光屏将其转化为可见的光影像供观察。透射电镜能够直观观察纳米粒子的微观形貌。

本实验采用的是美国 FEI 公司场发射透射电子显微镜，型号 Tecnai G2 F20 透射电镜，点分辨率：0.24nm，线分辨率：0.10nm，加速电压：200kV。使用透射电镜分析样品催化剂形貌、晶体结构、成分的同时，利用选区电子衍射（SAED）技术测定样品催化剂的晶态。

2.2.5 X 射线光电子能谱分析

X 射线光电子能谱分析（X-ray photoelectron spectroscopy，XPS）技术用于测定催化剂样品表面物质中的 Ce 3d、Co 2p、Mn 2p 和 C 1s 的结合能（binding energy，BE），X 射线辐射源为 Al Kα（$h\nu$ = 1486.6eV）。预处理条件为在 500℃下，20mL/min 的 O_2 气流中处理 1h，冷却至室温，然后用氦气吹扫 1h。预处理

后的催化剂需先在初级真空室脱气 0.5h，再转移至超高真空室进行 XPS 测定。用表面污染碳的 C 1s 的结合能（248.6eV）对催化剂表面物种中各元素的结合能进行校正。

XPS 的工作原理是使用 X 射线辐射样品，使原子或分子内层电子或价电子受到激发成为光电子。测量光电子的能量，以光电子的动能/束缚能为横坐标，相对强度（脉冲/s）为纵坐标可做出光电子能谱图。

2.2.6 氢气程序升温还原

氢气程序升温还原（H_2 temperature-programmed reduction，H_2-TPR）技术用于测定样品催化剂的还原性。预处理条件如下：在 250℃、30mL/min 的 N_2 气流中吹扫 1h，在 N_2 气氛中冷却至室温后，用 50mL/min 的 N_2 气流吹扫 0.5h 后，切换为 50mL/min 的 10% H_2-90% Ar（体积分数）混合气，待基线稳定后，以 10℃/min 升温至 900℃，同时利用化学吸附仪在线监测 H_2 浓度的变化。用 CuO（纯度为 99.995%）标样的 H_2 消耗量来标定催化剂的耗氢量（mmol/g）。计算公式如下：

$$\text{耗氢量} = \frac{S_{\text{cat}} \times n_{\text{CuO}} \times 1000}{S_{\text{CuO}} \times m_{\text{cat}}} \tag{2-2}$$

式中 S_{cat}——还原催化剂所消耗氢气峰面积；

S_{CuO}——还原 CuO 所消耗氢气峰面积；

n_{CuO}——CuO 标样物质的量，mol；

m_{cat}——催化剂质量，g。

2.2.7 氮气吸-脱附技术

采用氮气吸-脱附（N_2 adsorption-desorption）技术测定样品催化剂的表面积和孔径分布。多孔固体的表面积有多种分析方法，其中最常用和最成熟的方法是 N_2 吸附法。其原理是测量分子的吸附量和每个分子覆盖的面积相乘即为样品催化剂的表面积。单位质量吸附剂总表面积（m^2/g）即比表面积（specific surface area）。

采用 BET 法计算比表面积。通过 V_m 可计算出铺满固体样品表面所需单分子的数目，即催化剂样品的比表面积与总表面积。孔材料，尤其是用作催化剂材料的样品，其孔结构和孔径分布（pore size distribution）在较大程度上影响反应分子的扩散能力。通常采用气体吸附法来测定孔结构。本章采用 ASAP2020 型比表面孔结构测定仪（美国麦克公司）测定吸-脱附曲线。样品在 150℃ 下脱气，脱气时长为 100min。分别采用 BET（Brunauer-Emmett-Teller）法和 BJH（Barrett-Joyner-Halenda）法计算样品催化剂的比表面积和孔径分布。

2.3 结果与讨论

2.3.1 催化甲苯性能

为测评 CC-1、CC-2、CC-3 样品催化剂消除 VOCs 性能，本章选用甲苯的催化氧化为探针反应，样品催化剂均表现出良好的催化性能。

催化氧化甲苯的性能如图 2-2（a）所示，在反应条件为甲苯浓度 1000mg/L，随反应温度升高，甲苯的转化率增大，在低温处转化率升高较缓慢，在高温处的转化率升高较快速。分别用 $T_{10\%}$、$T_{50\%}$ 和 $T_{90\%}$ 表示反应物的转化率达到 10%、50%和 90%时的转化温度，以此温度反映催化剂的催化活性，如表 2-3 所示。对催化氧化甲苯的反应体系，CC-1 的 $T_{10\%}$、$T_{50\%}$ 和 $T_{90\%}$ 分别为 83℃、139℃ 和 249℃；CC-2 的 $T_{10\%}$、$T_{50\%}$ 和 $T_{90\%}$ 分别为 84℃、137℃ 和 241℃；CC-3 的 $T_{10\%}$、$T_{50\%}$ 和 $T_{90\%}$ 分别为 83℃、140℃ 和 232℃，而单组分 Co-1 和 Ce-1 催化剂氧化甲苯时，甲苯的转化率在 30%时，反应温度已经达到 260℃ 和 280℃。由此判断三组催化剂的催化活性顺序为 CC-2>CC-1>CC-3>Co-1>Ce-1，两组单组分催化剂的催化性能远低于以上三组复合金属氧化物催化剂。

表 2-3 CC-1、CC-2 和 CC-3 催化剂上甲苯催化氧化性能比较

催化剂	甲苯反应转化温度/℃		
	$T_{10\%}$	$T_{50\%}$	$T_{90\%}$
CC-1	83	139	249
CC-2	84	137	241
CC-3	83	140	232

通过利用转化频率（TOF），更准确地反映样品的固有催化活性。采用 TOF_M 来计算反映频率。结果如图 2-2（b）所示。

$$TOF_M = \frac{zC_0}{n_M} \tag{2-3}$$

式中 z——一定温度下的转化率；

C_0——每秒初始 VOCs 浓度，mol/(L · s)；

n_M——复合金属氧化物的物质的量，mol。

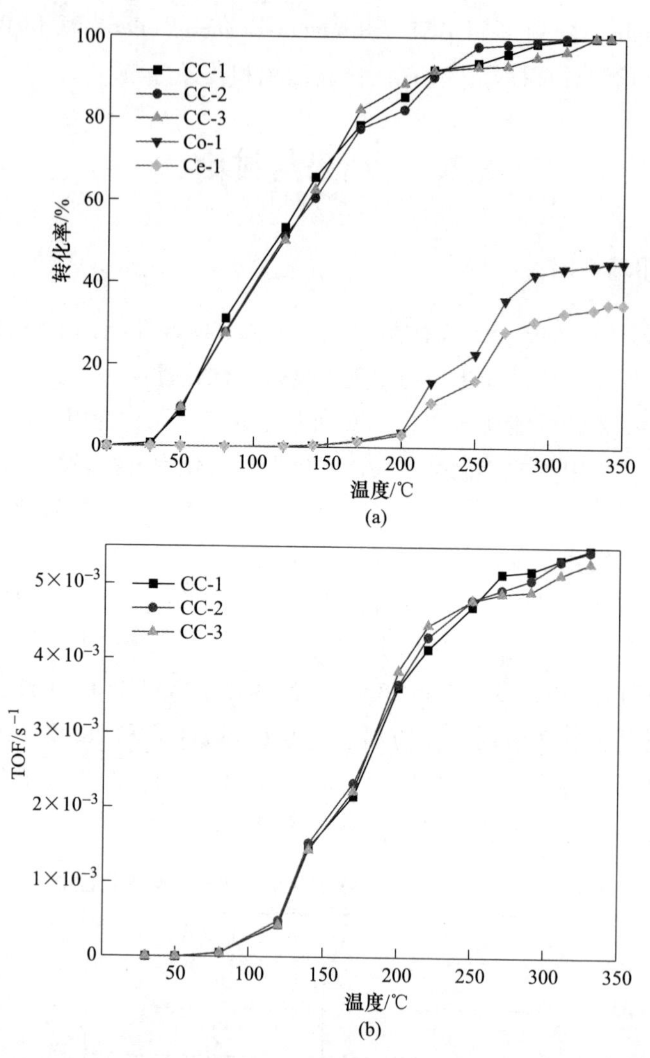

图 2-2 各催化剂上氧化甲苯的转化率（a）和 Ce-Co 催化剂的 TOF(b) 与温度关系

由图中可以看出，特定温度下的比速率是由样品中的活性数据和热分解后得到的混合氧化物的量来计算的。CC-1、CC-2 和 CC-3 样品催化剂催化氧化甲苯性能如图 2-2（a）所示，随反应体系温度的升高，去除甲苯的转化率增加，在低温处的转化率增速缓慢，在高温处转化率的增速迅速。经比较发现，催化活性顺序为 CC-3>CC-2>CC-1。

2.3.2 晶相结构

图 2-3 为 Ce-Co 介孔金属复合氧化物样品的广角 X 射线衍射（XRD）谱图。

由图 2-3 可以看出，在 500℃ 下热分解得到的催化剂样品的衍射峰均清晰可见，随配比中柠檬酸含量的增加，各个衍射峰的宽度增加。发现在 2θ 为 28.55°、33.08°、47.48°、56.33°、76.70°、79.07° 处出现明显的衍射峰，与 CeO_2 的 JCPDS PDF#34-0394 谱图吻合，分别对应的晶面为（111）、（200）、（220）、（311）、（222）和（331），属于面心立方氧化铈；而 $2\theta=36.85°$、65.24° 处的衍射峰与 Co_3O_4 标准卡片 JCPDS PDF#42-1467 匹配，对应的晶面分别为（311）、（440），也属于面心立方晶体结构，此复合氧化物属于 CeO_2-Co_3O_4 混合氧化物而非固溶体，也有类似的报道。

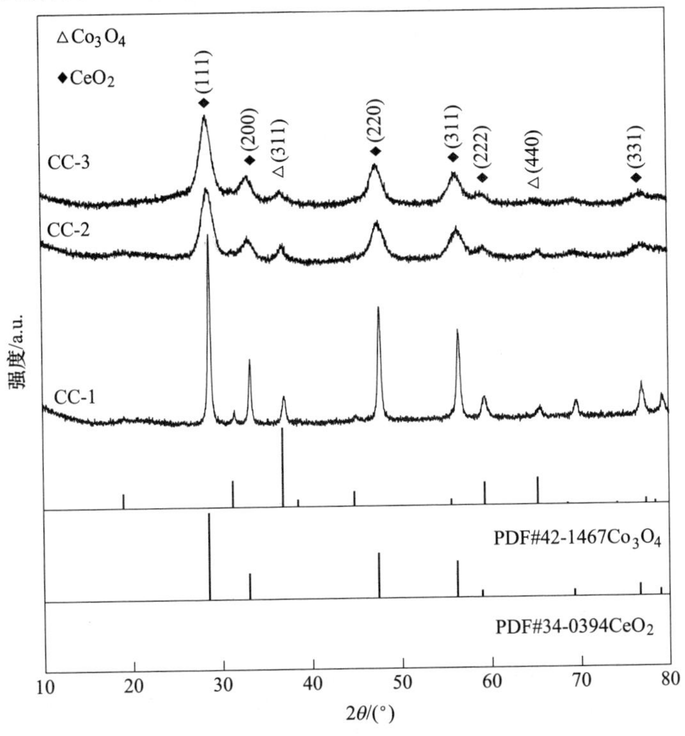

图 2-3 CC-1、CC-2 和 CC-3 催化剂的广角 XRD 谱图

2.3.3 催化剂的形貌

图 2-4 是 CC-1 催化剂的 SEM 图片。由图 2-4 中可看出直接热分解法制备的催化剂样品具有规整的形貌，具有规则的圆形孔出现，孔的分布较均匀。应该是柠檬酸和硝酸盐在分解的过程逸出气体起到了造孔的作用。在图 2-4 中还能看到欠发达的孔道结构及非孔结构的颗粒，可能是柠檬酸用量较少，造成硝酸盐在分解过程中，部分形成氧化物粒子的结果。

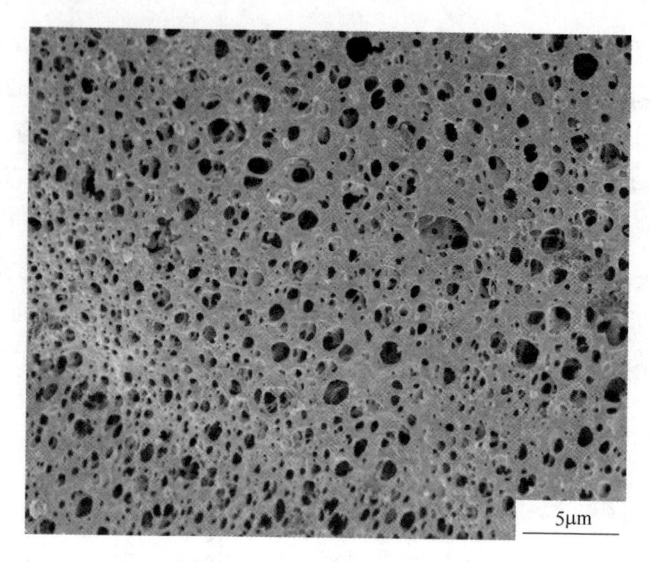

图 2-4　CC-1 催化剂的 SEM 照片

图 2-5 是 CC-2 催化剂的 SEM 照片，与图 2-4 的 CC-1 催化剂的 SEM 照片比较，图 2-5（a）中可以看到催化剂的孔道呈长程无序状，可能是增加了柠檬酸的投放量，在加热过程中辅助剂柠檬酸大量分解逸出的气体量增加，使得空隙的无序度增加；这种无序的孔可以在图 2-5（b）中更加清晰地看到，不规则的孔隙和无序的孔分布，可以影响不同直径的反应物在催化剂表面的吸附和脱附，也影响催化剂活性位点的分布。

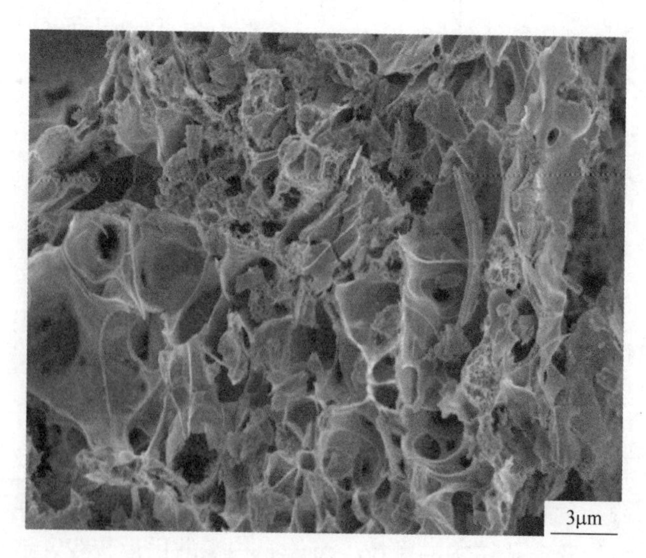

(a)

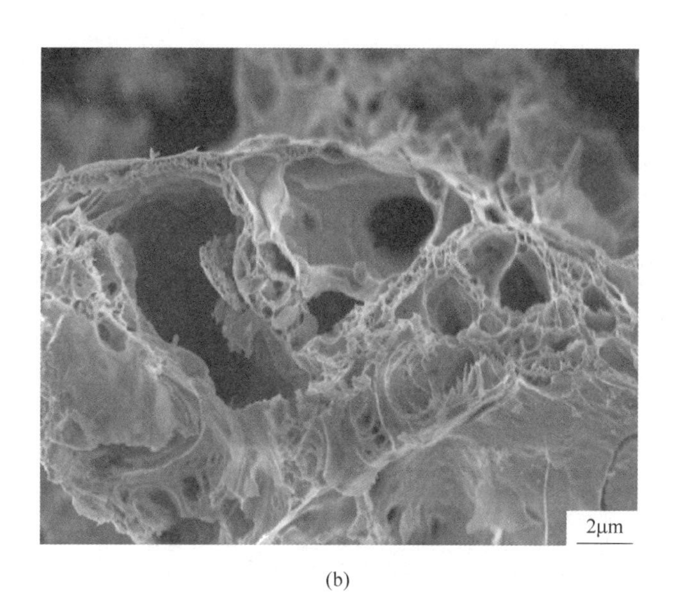

(b)

图 2-5 CC-2 催化剂的 SEM 照片

图 2-6 是 CC-3 催化剂的 SEM 照片，图 2-6（a）和（b）中均可看到目标催化剂具有一定有序的孔结构，与图 2-4 的 CC-1 催化剂对比可以看到，图 2-6 的 CC-3 催化剂的孔径减小，两者的原料配比相同，分解温度低的 CC-3 催化剂的孔径变小，而孔隙率增大，可能是与分解温度高容易造成粒子聚集有关。适量的柠檬酸在加热分解的过程中产生的气体会造成催化剂的孔结构。图 2-6 中可以粗略判断，CC-3 催化剂的孔径为 0.7～1μm。

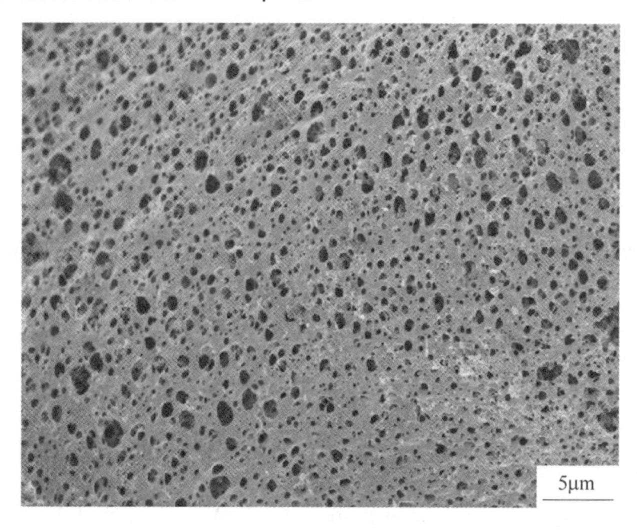

(a)

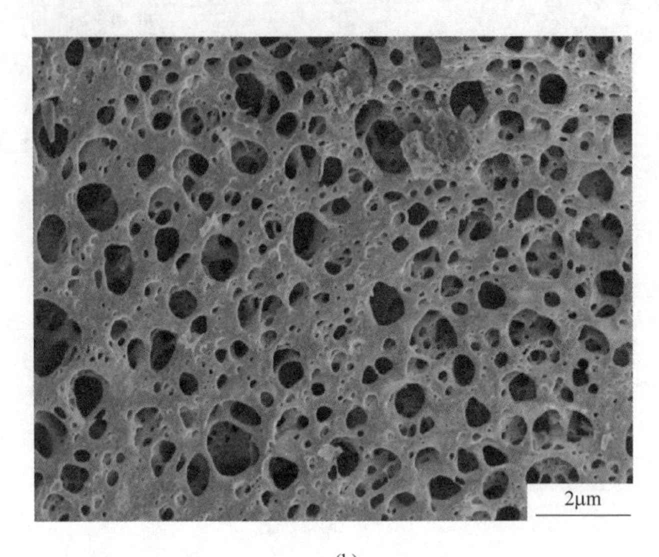

(b)

图 2-6 CC-3 催化剂的 SEM 照片

对比 CC-1（图 2-4）、CC-2（图 2-5）和 CC-3（图 2-6）的 SEM 照片可知，催化剂原料中添加柠檬酸的比例不同（CC-1（图 2-4）、CC-2（图 2-5）），所制得的催化剂形貌也存在差异。在一定比例范围内，柠檬酸的含量不同，所制得的催化剂的疏松程度不同，孔径也不同。

对比 CC-1（图 2-4）和 CC-3（图 2-6）的扫描电镜图可以看出，催化剂原料的加热温度不同，得到的催化剂样品表面的孔径大小略有差异。以上结论均与样品的比表面积及平均孔径数据一致。查阅催化剂样品的织构信息可知，CC-1 催化剂的平均孔径为 10. 0nm，CC-3 催化剂的平均孔径为 13. 5nm。

能谱分析（EDS）技术与扫描电子显微镜结合，可进行微区相貌成相、成分分析，常用于样品的定性和半定量分析。通过对 EDS 中谱峰的分析，可以得出样品催化剂中所含的元素种类，即定性分析；定量分析主要依靠 X 射线强度的不同，根据实际情况进行换算和校正，最终获取组成样品材料的各种元素的浓度。

选取如图 2-7 所示的样品区域，放大倍率为 100×，最高电压为 15. 0kV，结合面分析中各元素分布，可得出如下结论：（1）谱图中含有 Ce 和 Co 两种元素的特征谱峰，说明样品中含有 Ce 和 Co 两种元素，与元素分布图结果一致；（2）样品中 Ce 与 Co 两种元素的原子比分别约为 2∶3、1∶1 与 1∶1，其中第一组数据与实际实验设计略有差异，可能是元素未能成功暴露在样品表面的原因。

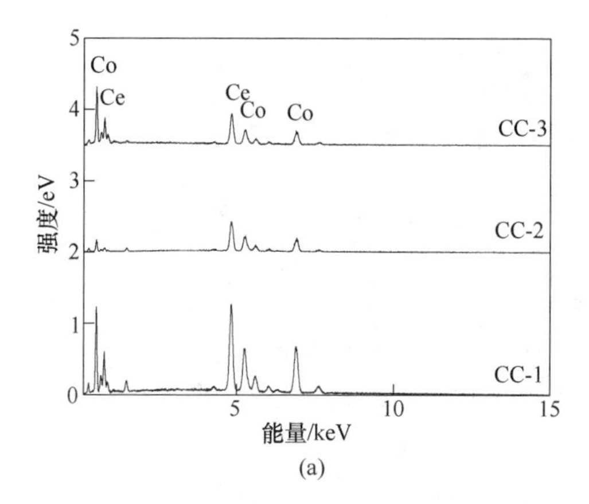
Co
Ce
Ce
Co
Co
CC-3
CC-2
CC-1
强度/eV
能量/keV
0
1
2
3
4
5
5
10
15
(a)

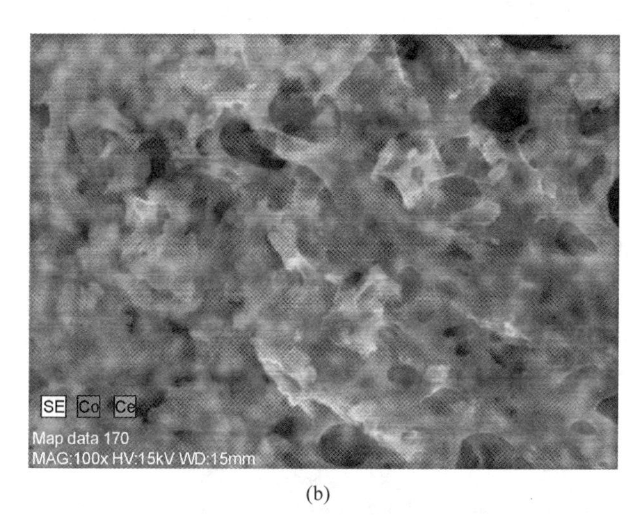
SE
Co
Ce
Map data 170
MAG:100x HV:15kV WD:15mm
(b)

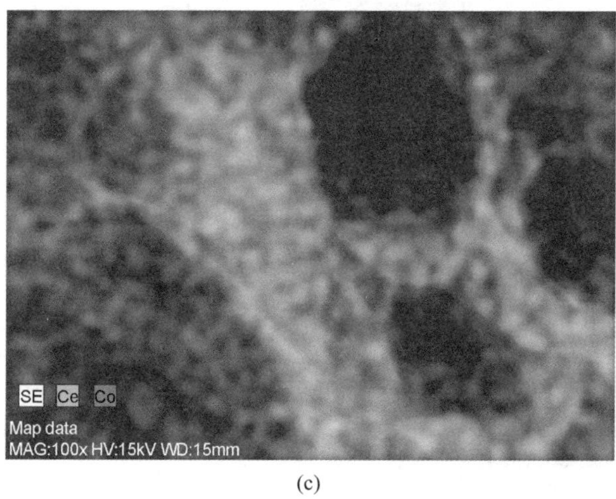
SE
Ce
Co
Map data
MAG:100x HV:15kV WD:15mm
(c)

(d)

图 2-7 催化剂的能谱线扫图（a）和 CC-1（b）、CC-2（c）、CC-3（d）的能谱元素映射图

图 2-8 为 CC-1 催化剂的 TEM 图和 SAED 图。在 TEM 图（图 2-8（a）~（c））中可以看出，CC-1 催化剂具有明显的孔状结构，估测孔径为 5~15nm。由 SAED 图（图 2-8（d））能够看出清晰衍射条纹，说明 CC-1 催化剂具有完整的多晶结构，与 XRD 结果一致。

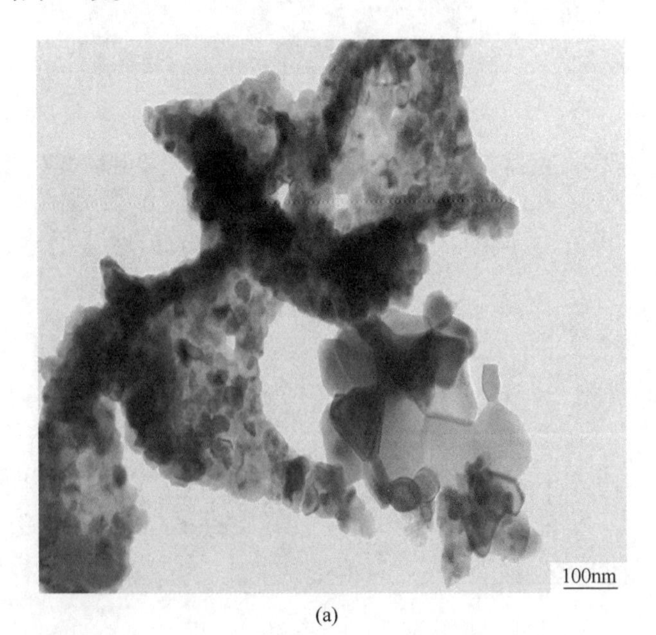

(a)

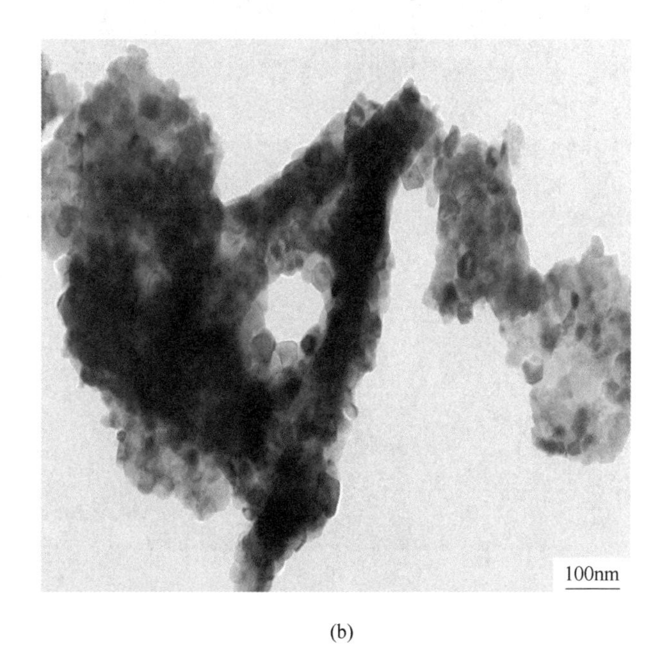

(b)

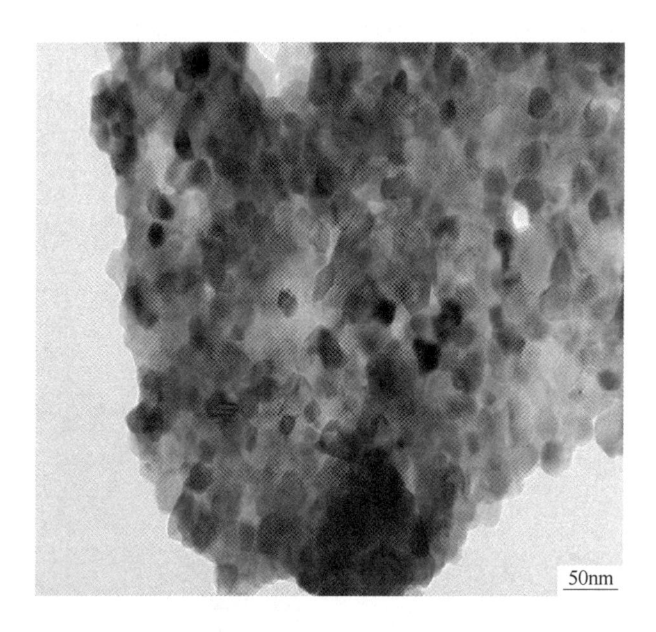

(c)

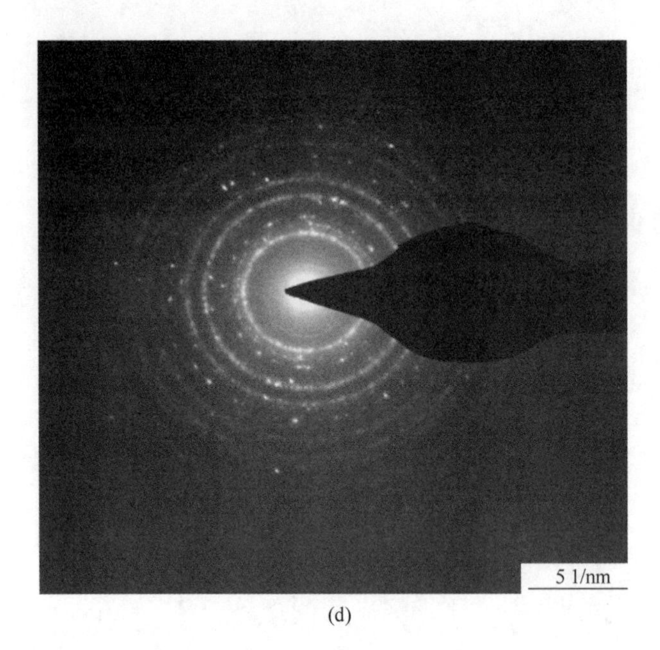

(d)

图 2-8 CC-1 催化剂的 TEM 图（(a)～(c)）及 SAED 图（d）

图 2-9 为 CC-2 催化剂的 TEM 图和 SAED 图。在 TEM 图（图 2-9（a)～(c)）中可以明显地看到孔状结构，估测孔径为 10～15nm。由样品的 SAED 图（图 2-9（d)）可以看出，催化剂样品均具有完整的多晶结构的电子衍射环，可以判断样品催化剂具有多晶结构。

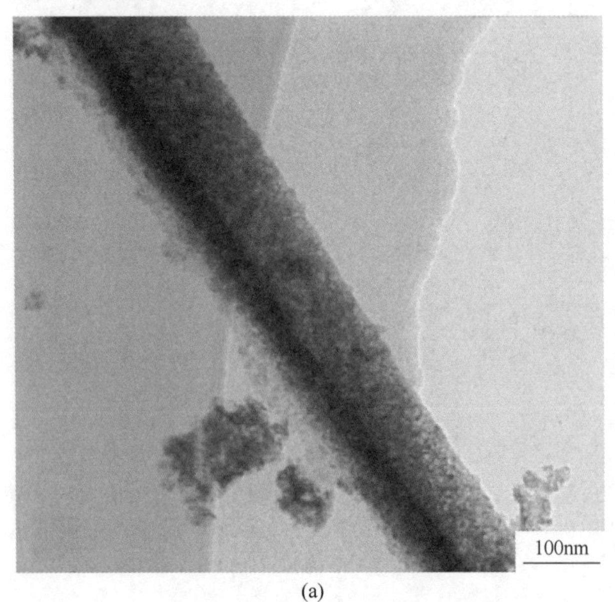

(a)

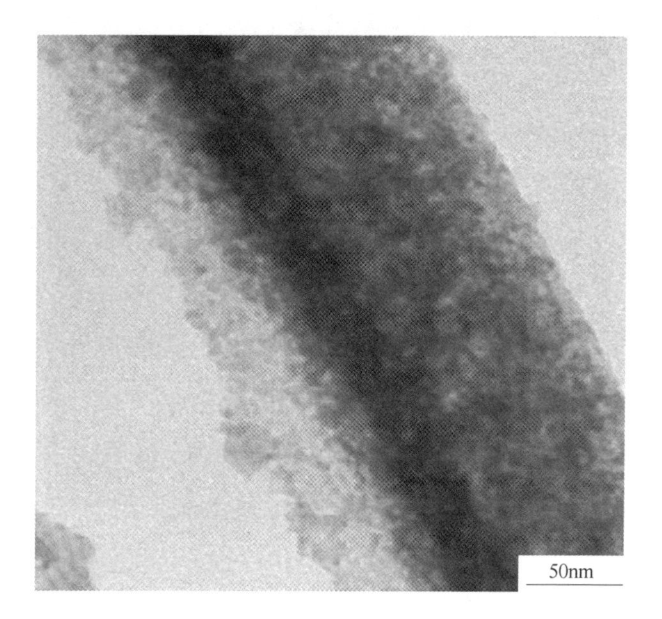

(b)

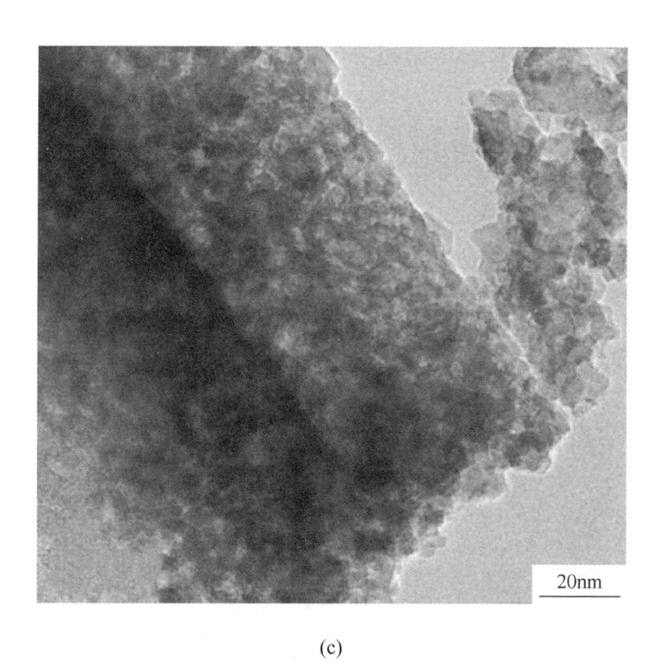

(c)

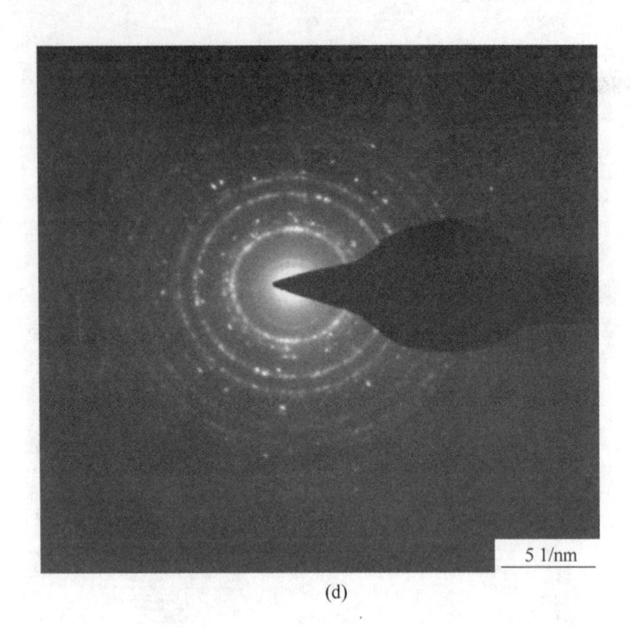

(d)

图 2-9　CC-2 催化剂的 TEM 图（(a)~(c)）及 SAED 图（d）

图 2-10 为 CC-3 催化剂的 TEM 图及 SAED 图。在 TEM 图（图 2-10（a）~（c））中可以明显地看到孔状结构，根据催化剂的织构信息，催化剂的平均孔径分别为 13.5nm，与 TEM 图中得到的信息一致。由样品的 SAED 图（图 2-10（d））可以看出，催化剂样品均具有类似多晶结构的电子衍射环，可以判断样品催化剂具有多晶氧化物。

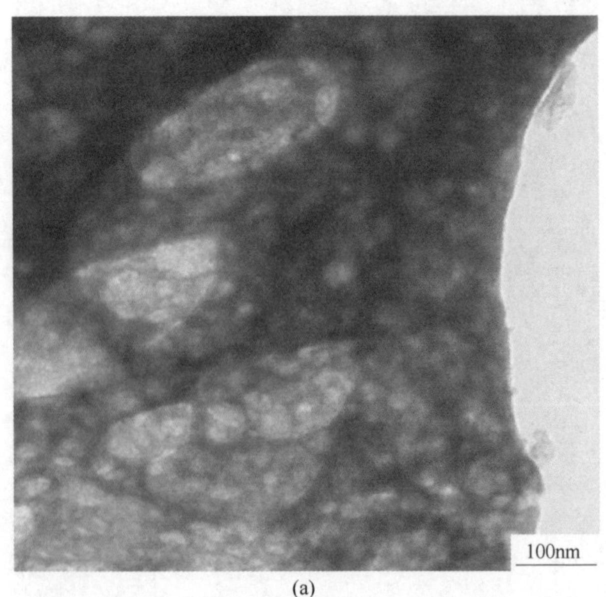

(a)

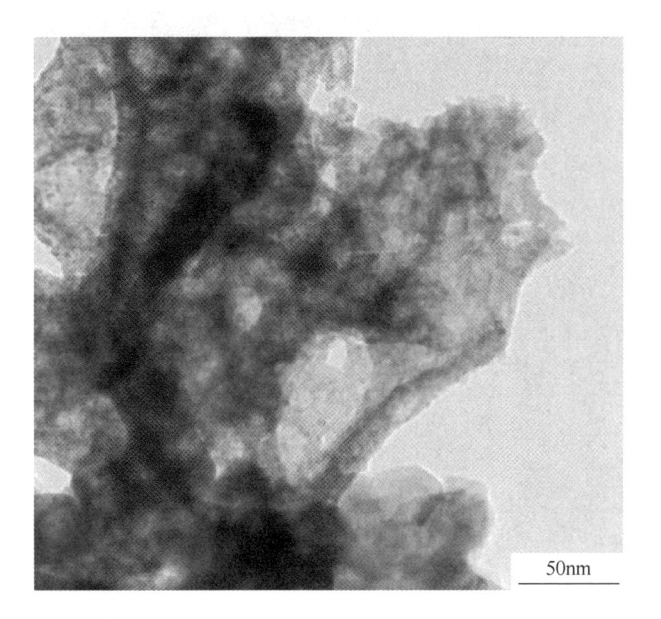

(b)

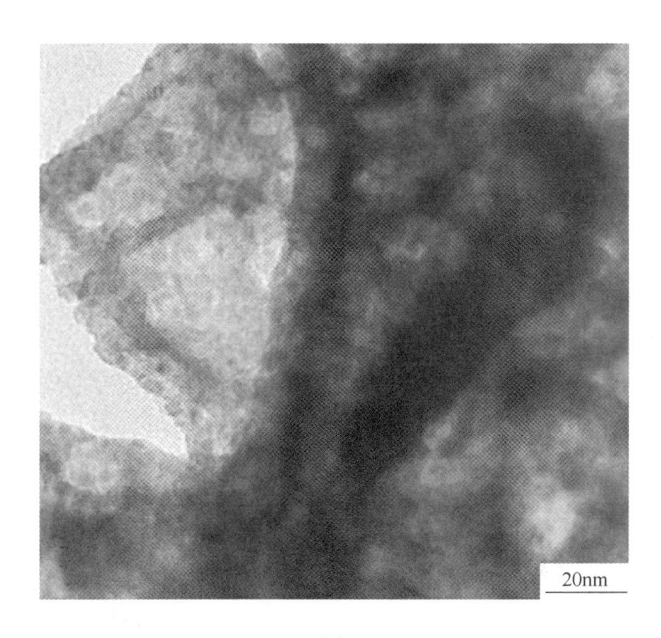

(c)

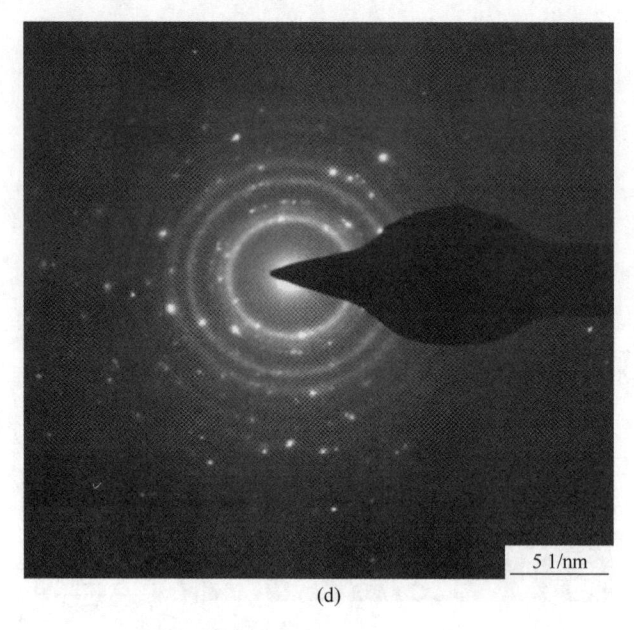

(d)

图 2-10　CC-3 催化剂的 TEM 图（(a)~(c)）及 SAED 图（d）

2.3.4　催化剂的孔结构

图 2-11 为 CC-1、CC-2 和 CC-3 催化剂的氮气吸-脱附曲线和孔径分布曲线。其吸-脱附等温线为近Ⅳ型等温线，曲线后一段再次凸起，且中间段出现吸附回滞环，对应多孔吸附剂出现毛细凝聚的体系。在中等的相对压力，由于毛细凝聚

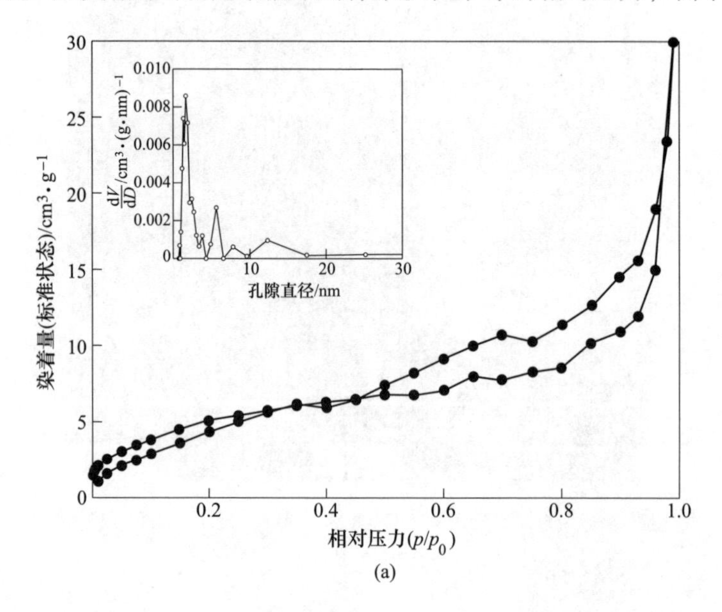

(a)

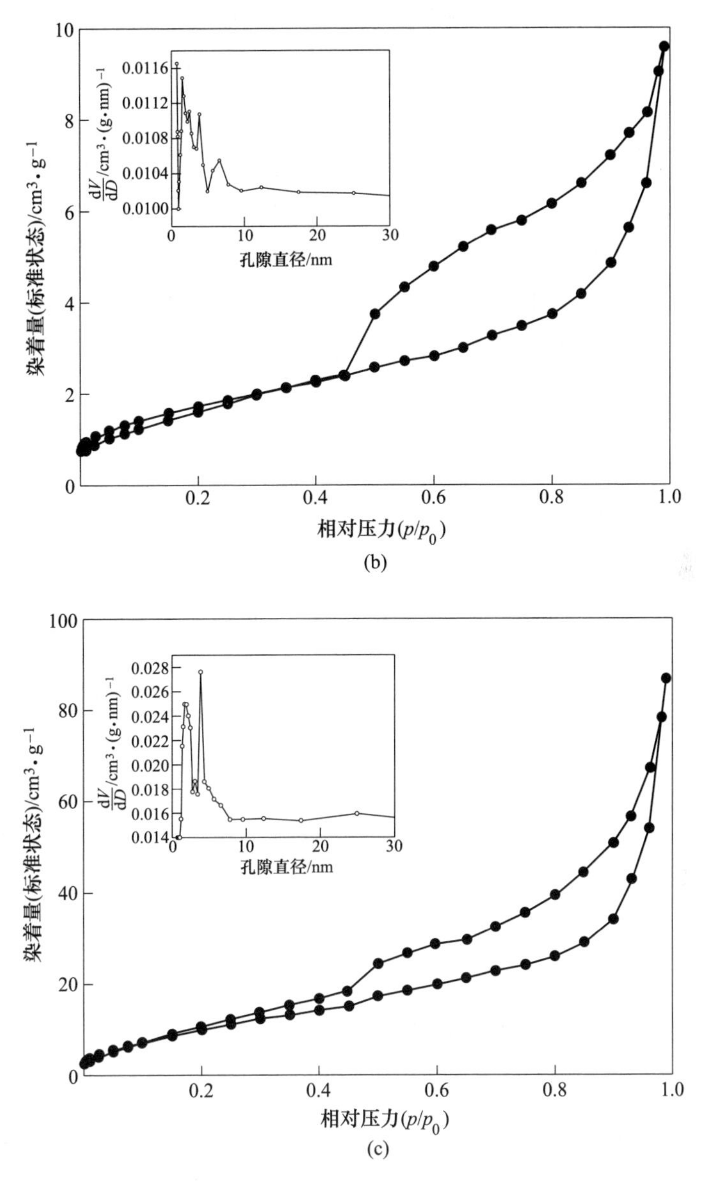

图 2-11 CC-1（a）、CC-2（b）和 CC-3（c）催化剂的 N_2 吸-脱附曲线和孔径分布图（插图）

的发生，Ⅳ型等温线上升更快。中孔毛细凝聚填满后，吸附剂还有大孔径的孔具有较强的相互作用，将继续吸附形成多分子层，吸附等温线继续上升。三个催化剂分别在相对压力为 0.46~0.97、0.46~0.98 和 0.12~0.98 范围内出现近 H4 型滞后环，说明催化剂样品中可能存在一定的孔结构。

A-Ce_1Co-1 催化剂的孔径分布曲线上在 1. 9nm、3. 8nm、5. 6nm、7. 8nm 和 12. 4nm 处出现 5 个分布峰，其平均孔径为 6. 3nm；A-Ce_1Co-2 催化剂的孔径分布曲线上可以看出在 0. 7nm、1. 5nm、2. 6nm、3. 9nm、6. 6nm 和 12. 4nm 处出现 6 个不同的分布峰，平均孔径为 4. 7nm；而 B-Ce_1Co-1 催化剂的孔径分布曲线则在 1. 7nm、1. 9nm、3. 8nm 和 3. 1nm 处出现 4 个分布峰，该催化剂的平均孔径为 2. 7nm。

各催化剂的织构信息列于表 2-4 中，由表中数据可知，通过分解法制备的催化剂的比表面积与原料配比有一定联系，对比 CC-1 与 CC-2 催化剂，可以看出在一定范围内柠檬酸含量越少，所制得的催化剂比表面积越大，平均孔径越小，CC-1 的比表面积为 18. 52m^2/g，平均孔径为 10. 00nm；CC-2 催化剂的比表面积为 6. 26m^2/g，平均孔径为 9. 46nm。

表 2-4 CC-1、CC-2 和 CC-3 催化剂样品结构信息

催化剂样品	表面积/$m^2 \cdot g^{-1}$	平均孔径/nm	孔体积/$cm^3 \cdot g^{-1}$
CC-1	18. 52	10. 00	0. 05
CC-2	6. 26	9. 46	0. 02
CC-3	39. 89	13. 45	0. 13

各组催化剂的织构信息与灼烧温度也在很大程度上存在联系，在灼烧温度为 400℃条件下得到的 CC-3 催化剂与其他两组催化剂相对比，具有较大的比表面积，高达 39. 89m^2/g，孔体积为 0. 13cm^3/g。

2. 3. 5 还原性能和表面物种

H_2-TPR 表征技术常用于研究催化剂的还原性能。图 2-12 为 CC-1、CC-2 和 CC-3 催化剂的 H_2-TPR 谱图，各还原峰对应峰值的温度均标于图中。对各催化剂还原过程进行定量计算，得知，CC-1 催化剂在 284. 5℃和 344. 3℃处还原峰的 H_2 消耗量为 4. 34mmol/g 和 16. 37mmol/g；CC-2 催化剂在 258. 1℃和 445. 9℃处存在还原峰，相应位置的 H_2 消耗量为 3. 65mmol/g 和 11. 05mmol/g；CC-3 具有三个还原峰，分别处于 268℃ 、323. 3℃和 442. 7℃处，各自的 H_2 消耗量为 4. 19mmol/g、4. 97mmol/g 和 11. 11mmol/g。

XPS 常用来研究催化剂样品的表面组成、金属氧化态及吸附物种。图 2-13（a）为 CC-1、CC-2 和 CC-3 催化剂样品 Ce 3d 的 XPS 谱图。图 2-13（a）表示了样品中 Ce 3d 核心能级的 XPS 谱及 5 对轨道自旋组分。图中标记的 u、u′、

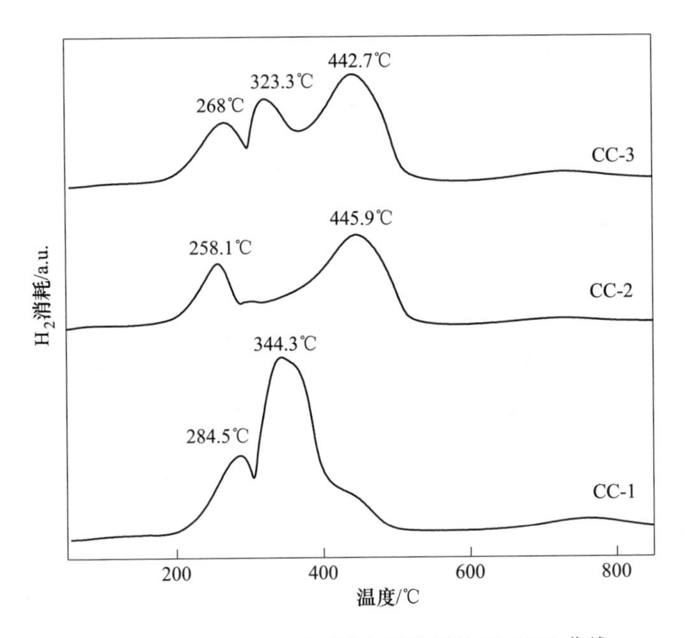

图 2-12 CC-1、CC-2 和 CC-3 催化剂的 H_2-TPR 曲线

u″、v、v′、v″代表观察到的三对自旋轨道双联体，与 Ce^{4+}的 3d 状态的特征一致。催化剂样品的 Ce $3d_{5/2}$谱图可以分解为 882.5eV、888.4eV、898.1eV、900.8eV、907.4eV 和 916.6eV 六个峰。

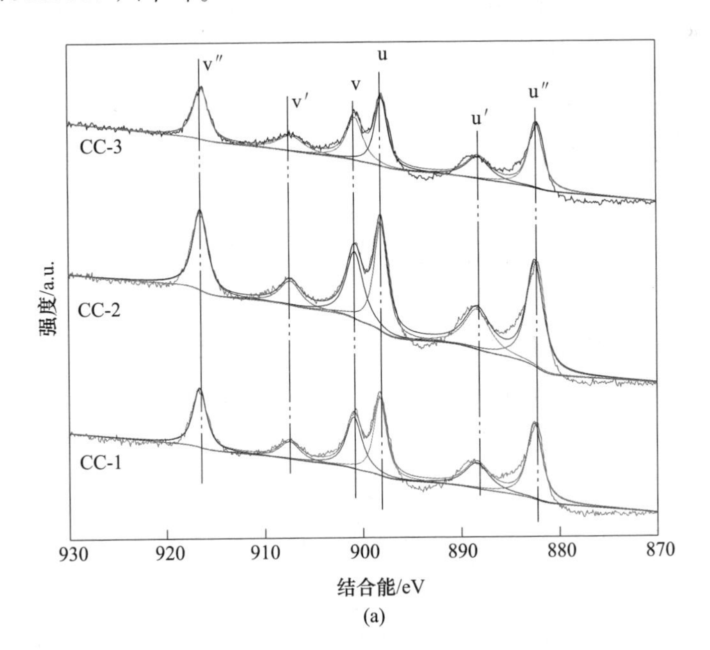

(a)

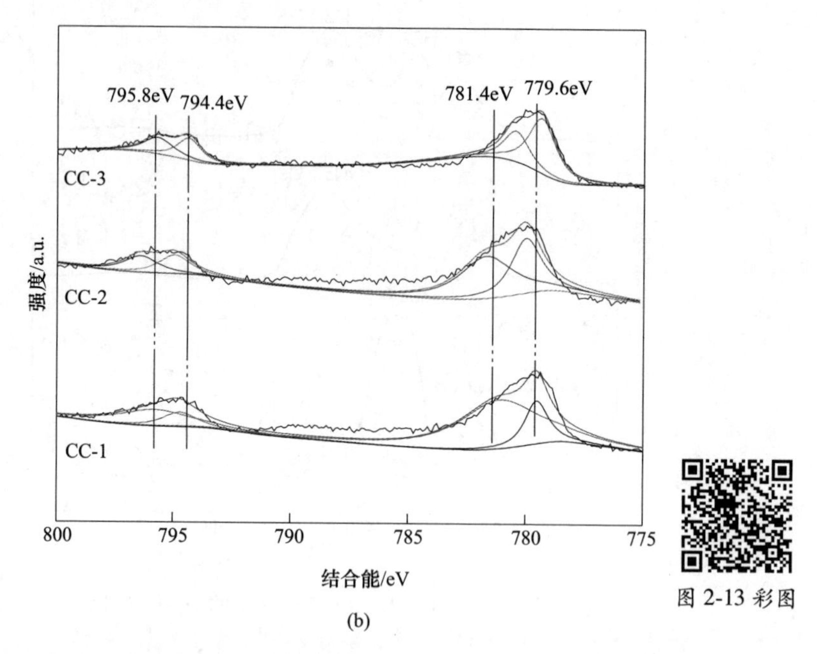

图 2-13　CC-1、CC-2 和 CC-3 催化剂的 Ce $3d_{5/2}$、Co $2p_{1/2}$、$2p_{3/2}$的 XPS 谱图

(a) Ce 3d；(b) Co 2p

图 2-13 (b) 为 CC-1、CC-2 和 CC-3 催化剂样品的 Co $2p_{1/2}$、$2p_{3/2}$的 XPS 谱图。谱图显示了两个自旋轨道的双重峰，分别位于 (795.5±0.4)eV 和 (779.5±0.4)eV 的结合能处，分别归因于 Co $2p_{1/2}$和 Co $2p_{3/2}$。观察到的结合能表明 Co 处于+2 和+3 氧化态，根据文献资料，spinorbit 值为 (15.2±0.2)eV，对应于 Co_3O_4。

2.4　小　结

采用柠檬酸作辅助剂的直接热分解法制备的高比表面积催化剂 CC-1、CC-2 和 CC-3，通过原料的不同比例混合和不同灼烧温度处理后得到催化性能不同的催化剂样品。经综合对比，三组样品中硝酸铈、硝酸钴与柠檬酸等摩尔比混合，在 400℃条件下进行处理得到的 CC-3 催化剂具有最佳催化活性与良好的低温还原性能，这与柠檬酸与金属硝酸盐的配比有关，且与其所具备的高比表面积、发达的孔道结构有密切的联系。

CC-3 催化剂的比表面积高达 39.89m^2/g，CC-1、CC-2 两组催化剂的比表面积分别为 18.52m^2/g 和 6.26m^2/g。CC-3 催化剂的平均孔径为 13.45nm，CC-1、CC-2 两组催化剂的平均孔径为 10.00nm 和 9.46nm。在甲苯浓度为 1000mg/L，空速 20000mL/(g·h）条件下甲苯转化率到达 90%时，CC-3 催化剂的 $T_{90\%}$ 为 232℃，CC-1、CC-2 两组催化剂的 $T_{90\%}$ 分别为 249℃和 241℃。

3　Ce-Mn 催化剂制备表征及其催化氧化乙酸乙酯性能

在催化焚烧过程中，VOCs 在催化剂存在下与氧气（通常大多数 VOCs 排放物在空气中稀释）反应，生成 H_2O 和 CO_2，而不形成副产物。催化燃烧所需的温度比热焚烧所需的温度低，温度高于 800℃，燃料需求量较低，因此在低温（200~400℃）下工作对于提高工艺的经济性很重要。在挥发性有机物中，乙酸乙酯是一种常见的溶剂，存在于各种废气中，对环境造成严重危害，对人体健康有害。钯、铂负载催化剂在 220~320℃可完全氧化成二氧化碳，近年来，负载型金属氧化物在 VOCs 排放控制中得到了广泛应用，作为贵金属负载催化剂的替代品，这些系统受到了人们的特别关注，但在过渡金属氧化物催化剂上，含氧化合物（如乙酸乙酯和乙醇）的催化燃烧过程中，形成对人体健康非常有害的部分燃烧产物的概率非常高，例如有文献报道了乙酸乙酯在 CeO_2 改性 CuO/TiO_2 催化剂上的完全燃烧，在反应过程中形成一定量的乙醇、醛等副产物。催化氧化去除乙酸乙酯的催化剂的活性组分多为贵金属和过渡金属氧化物，在多相催化中，氧化锰具有较高的经济价值和催化潜力，具有框架结构的氧化锰具有更好的催化性能，具有高储氧能力（OSC）和多价态的 MnO_x-CeO_2 固溶体催化剂在各种催化反应中表现出优异的性能，例如氨氧化，在存在 NH_3 的情况下用 SCR 催化 NO_x 分解。此外，还发现 MnO_x-CeO_2 在较低的操作温度下对 CO 和 VOCs 的燃烧具有高活性，这与 MnO_x-CeO_2、MnO_x 和 CeO_2 晶格更多的活性氧类型（O^{2-}，O_2^{2-} 和 O^-）在界面之间的强相互作用有关。Venkataswamy 等[108]制备了 Mn 掺杂的材料，证明锰掺杂氧化铈固溶体对 CO 氧化活性具有明显改善。Wang 等[109]也发表了 CeO_2-MnO_x复合材料对苯氧化显示出更高的催化活性方面的文章，并且他们将这种结果归因于在催化氧化和还原之间的晶格氧原子的平衡。在过渡金属中，二氧化锰催化剂具有较优异的催化性能，它是由 1 个锰原子和 6 个氧原子配位组合形成立方密堆积和六方密堆积的基本结构单元构成的。

3.1　实　　验

参照第 2 章所使用的实验方法，采用柠檬酸作辅助剂，在 500℃条件下，以硝酸铈和硝酸锰作金属源的直接热分解法制备 Ce-Mn 催化剂，并采用 XRD、SEM、TEM、BET、XPS 及 H_2-TPR 等技术表征了催化剂的物化性质，选乙酸乙酯氧化去除为催化活性评价的探针反应，评价其催化氧化性能。

原料摩尔比为 Ce：Mn：柠檬酸 = 1：2：3 的催化剂命名为 CM-1，Ce：Mn：柠檬酸 = 1：1：2 的催化剂命名为 CM-2，Ce：Mn：柠檬酸 = 2：1：3 的催化剂命名为 CM-3。同样制备了单组分的 Ce 和 Mn 的催化剂 Ce-1 和 Mn-1 对照使用。

3.2 结果与讨论

3.2.1 氧化乙酸乙酯性能

采用乙酸乙酯作为探针反应评价 Ce-Mn 催化剂的催化性能（反应装置参见催化氧化甲苯的装置图）。反应条件为乙酸乙酯浓度为 1000mg/L，乙酸乙酯与氧气的摩尔比为 1：400，空速（SV）为 20000mL/(g·h)，反应的转化率如图 3-1（a）所示，随反应温度的提高，乙酸乙酯的转化率也随之增大，在低温处的转化率缓慢增大，在高温处的转化率快速升高。分别用 $T_{10\%}$、$T_{50\%}$ 和 $T_{90\%}$ 表示乙酸乙酯的转化率达到 10%、50%和 90%时的转化温度，以此温度为衡量催化剂的催化活性，如表 3-1 所示，表中可以看到催化去除乙酸乙酯的反应转化温度低于去除甲苯的转化率，在 CM-1 催化剂上乙酸乙酯的转化率为 10%、50%和 90%时的反应温度（$T_{10\%}$、$T_{50\%}$ 和 $T_{90\%}$）依次为 65℃、141℃和 199℃；在 CM-2 催化剂上乙酸乙酯转化率为 10%、50%和 90%时的反应温度（$T_{10\%}$、$T_{50\%}$ 和 $T_{90\%}$）分

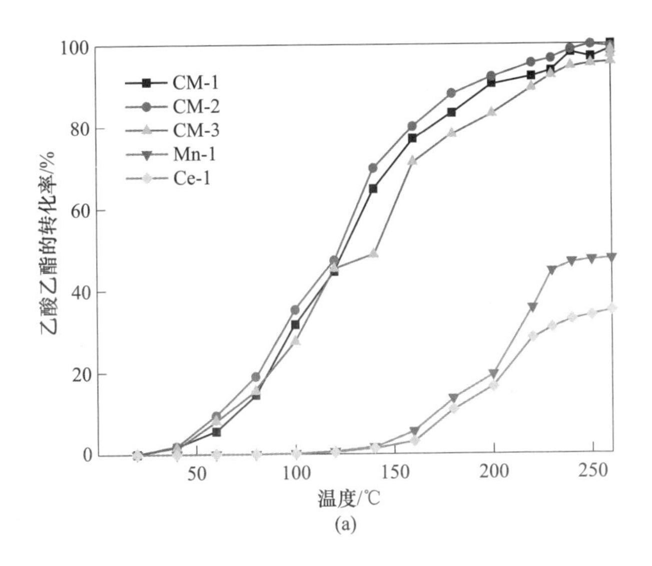

(a)

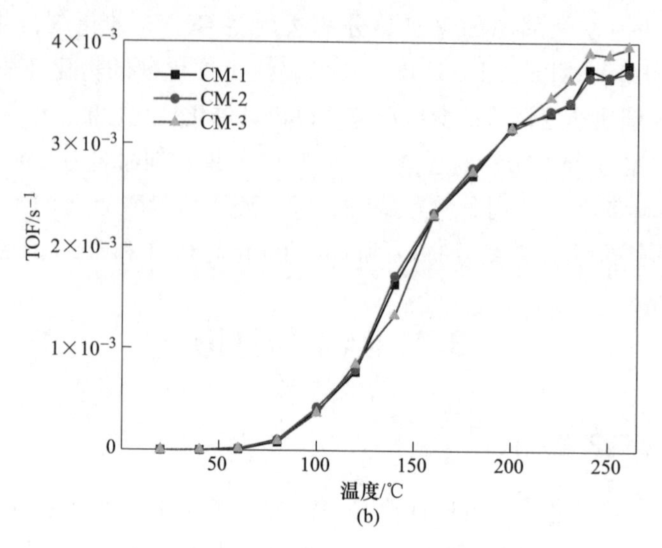

图 3-1　CM-1、CM-2 和 CM-3 催化剂与乙酸乙酯的转化率和温度的关系（a）和 CeO_2-MnO_2 催化剂的 TOF 与温度的关系（b）

别为 61℃、122℃和 190℃；而在 CM-3 催化剂上的转化温度则依次为 70℃、125℃和 222℃。根据以上数据可以判断，Ce-Mn 催化剂的催化活性顺序为 CM-2>CM-1>CM-3，且都优于单组分的 Mn-1 和 Ce-1 催化剂。图 3-1（b）是转化频率（TOF）图。

表 3-1　CM-1、CM-2 和 CM-3 催化剂上乙酸乙酯催化氧化性能比较

催化剂	乙酸乙酯反应转化温度/℃		
	$T_{10\%}$	$T_{50\%}$	$T_{90\%}$
CM-1	65	141	199
CM-2	61	122	190
CM-3	70	125	222

3.2.2　晶相结构

图 3-2 为 CM-1、CM-2 和 CM-3 催化剂样品的广角 XRD 谱图。从图中可看出，在 500℃条件下加热分解得到的催化剂样品，对应的衍射峰高度与宽度随所投原料的比例不同而略有差异。随着硝酸铈的含量占原料总体物质的量的比例增加，催化剂样品对应的衍射峰高度有所增加，说明样品的结晶度越好。经过与标准卡片对比，在 2θ=28.50°、33.08°、47.48°、56.34°、59.09°、69.42°、76.70°和 79.08°处的衍射峰对应的晶面分别是（111）、（200）、（220）、（311）、（222）、（400）、

(331) 和 (420)；$2\theta=28.85°$和 56.63°处对应的峰面是 (110) 和 (211)。以上数据分别与 CeO_2 标准卡片 JCPDS PDF#43-1002 和 MnO_2 标准卡片 JCPDS PDF#50-0866 相匹配，制得的催化剂样品具有立方晶体结构。

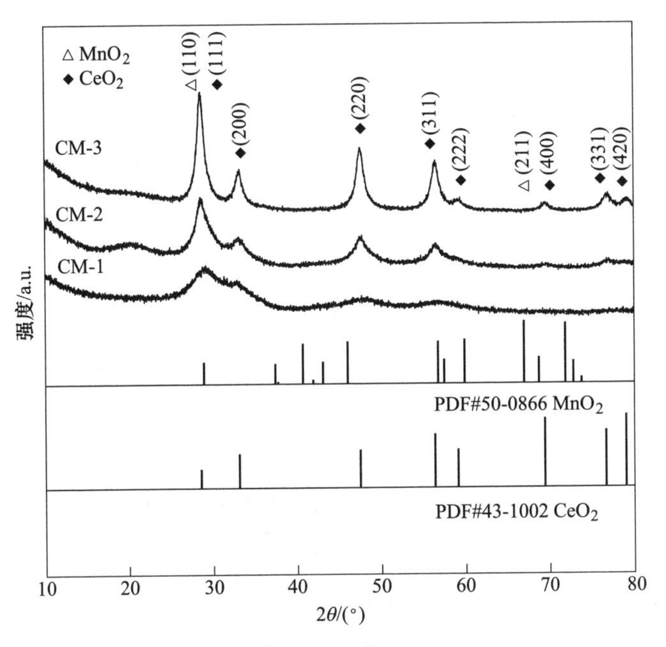

图 3-2 CM-1、CM-2 和 CM-3 催化剂样品广角 XRD 谱图

3.2.3 催化剂形貌

图 3-3、图 3-4 和图 3-5 为 CM-1、CM-2 和 CM-3 催化剂的 SEM 照片，催化剂

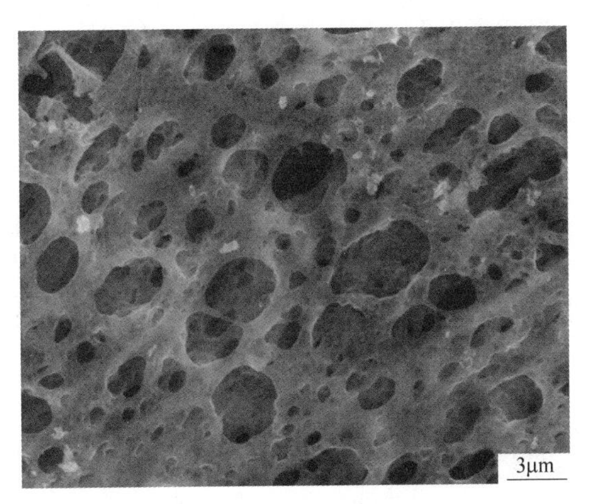

图 3-3 CM-1 催化剂的 SEM 照片

原料的配比不同，经高温处理后得到的催化剂样品的形貌也不同，但与 Ce-Co 催化剂的 SEM 照片相似，都呈现“鸟巢”状。从图中可以直观地看到采用柠檬酸作辅助剂、直接热分解法制备的催化剂样品的表面具有孔道结构，这可能是由于在加热的过程中柠檬酸分解，有气体逸出，造成了催化剂样品的多孔结构。对比 CM-1 和 CM-3 催化剂可以看出，原料中硝酸铈的含量越多，制备出的催化剂样品的形貌越规整，结晶度越高。图 3-3 为 CM-1 催化剂的 SEM 照片，催化剂表面有少量颗粒物，可能是硝酸盐在分解过程聚集的部分氧化物粒子。图 3-4 为 CM-2 催化剂的 SEM 照片，可以看到催化剂表面有一定的孔隙分布。图 3-5 的 CM-3 催化剂的 SEM 照片中可以看到无规律的絮状孔隙结构。

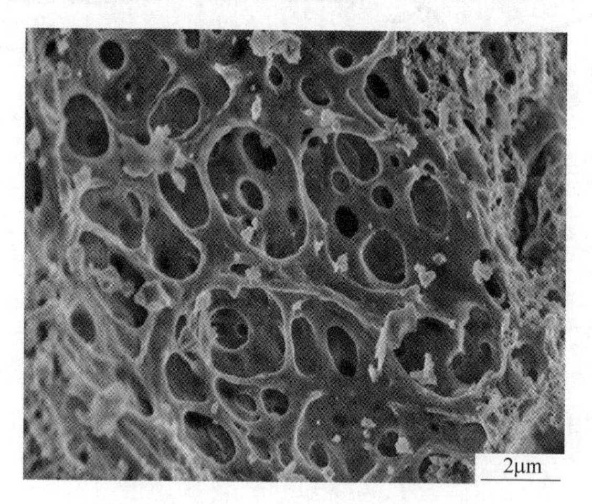

图 3-4 CM-2 催化剂的 SEM 照片

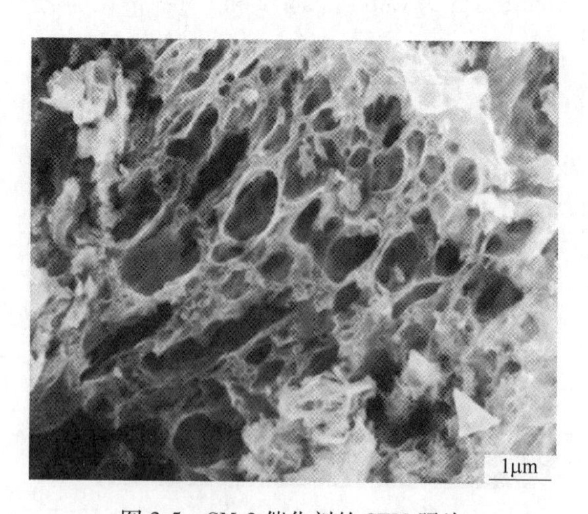

图 3-5 CM-3 催化剂的 SEM 照片

图 3-6 为 CM-1、CM-2 和 CM-3 催化剂样品的 EDS 能谱分析图，根据所选的

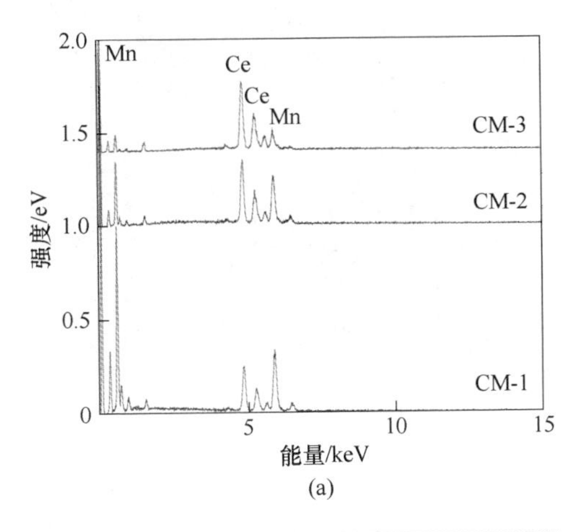

(a)

(b)

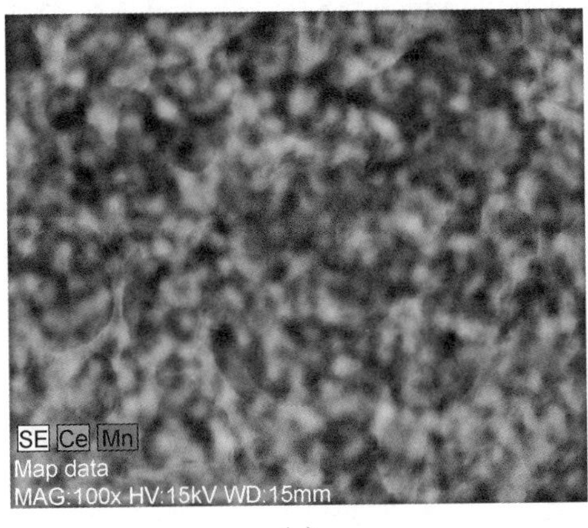

(c)

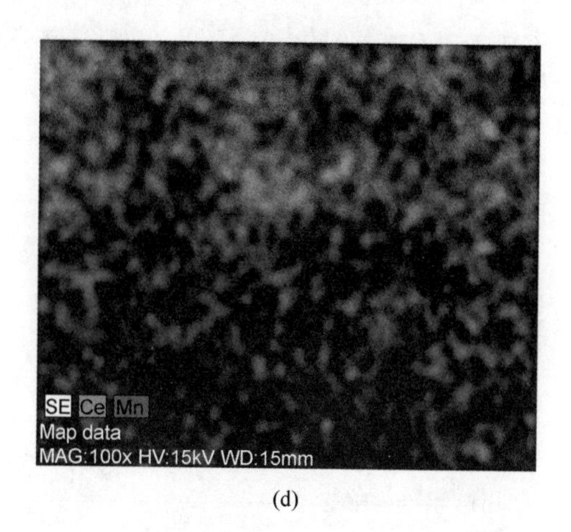

(d)

图 3-6 CM-1、CM-2 和 CM-3 催化剂的 EDS 图（a）和元素分布图（(b)~(d)）

样品选取如图所示的区域，结合扫描电镜，采用 X 射线能谱分析，放大倍率为 100×，最高电压为 15.0kV，结合面分析中各元素分布，可得出如下结论：（1）观察图 3-6（a）可知，谱图中具有两种元素的特征谱峰，说明样品中含有 Ce 和 Mn 两种元素；（2）样品中 Ce 与 Mn 两种元素的原子比分别约为 1∶2、2∶3 与 2∶1，其中第二组数据与实际实验设计略有差异，可能是 Ce 元素未能成功负载在样品表面造成的。

图 3-7（a）~(c）为 CM-1 催化剂的 TEM 图，在图片中可以明显地看到孔状结构，根据催化剂的织构信息，催化剂的平均孔径分别为 14.10nm，与透射电镜图中得到的信息（10~17nm）相符。由催化剂的衍射图（图 3-7（d））可以看出，催化剂样品均具有类似多晶结构的电子衍射环，可以判断样品催化剂具有多个晶面。

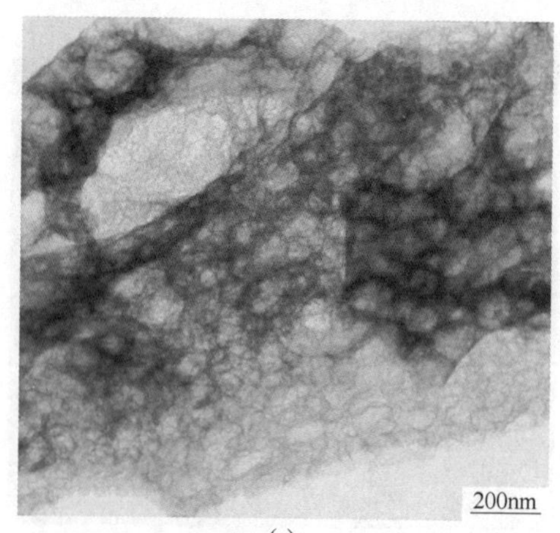

(a)

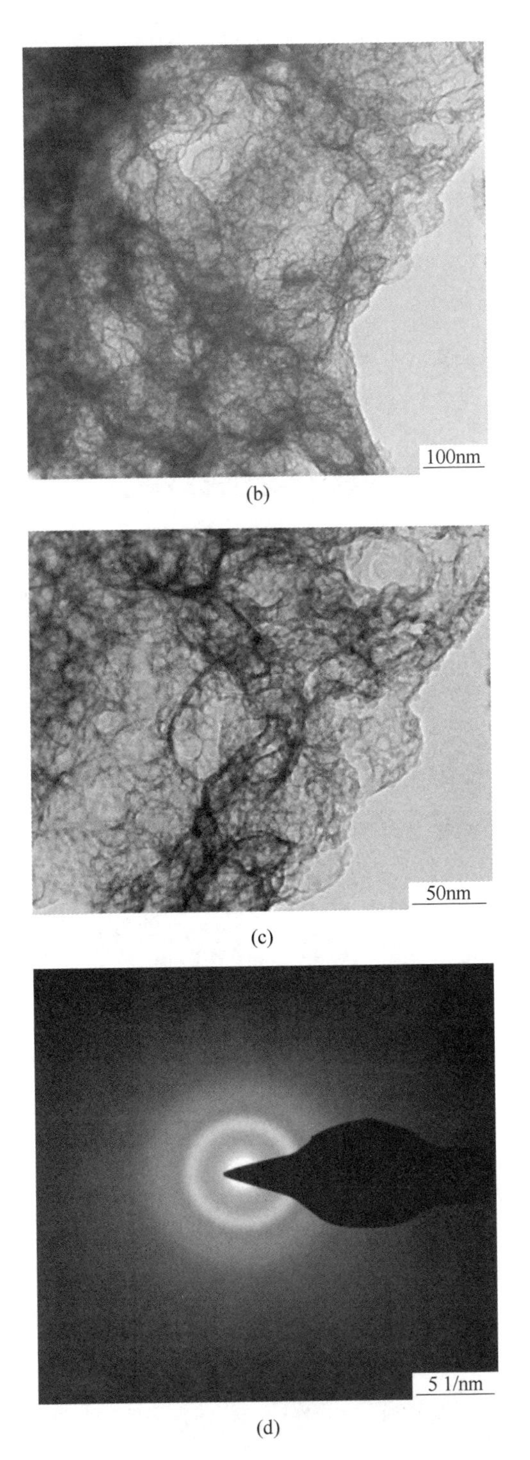

(b)

(c)

(d)

图 3-7 CM-1 催化剂的 TEM 图((a)~(c))及 SAED 图 (d)

图 3-8（a）~（c）为 CM-2 催化剂的 TEM 图，在图片中可以看到规整有序

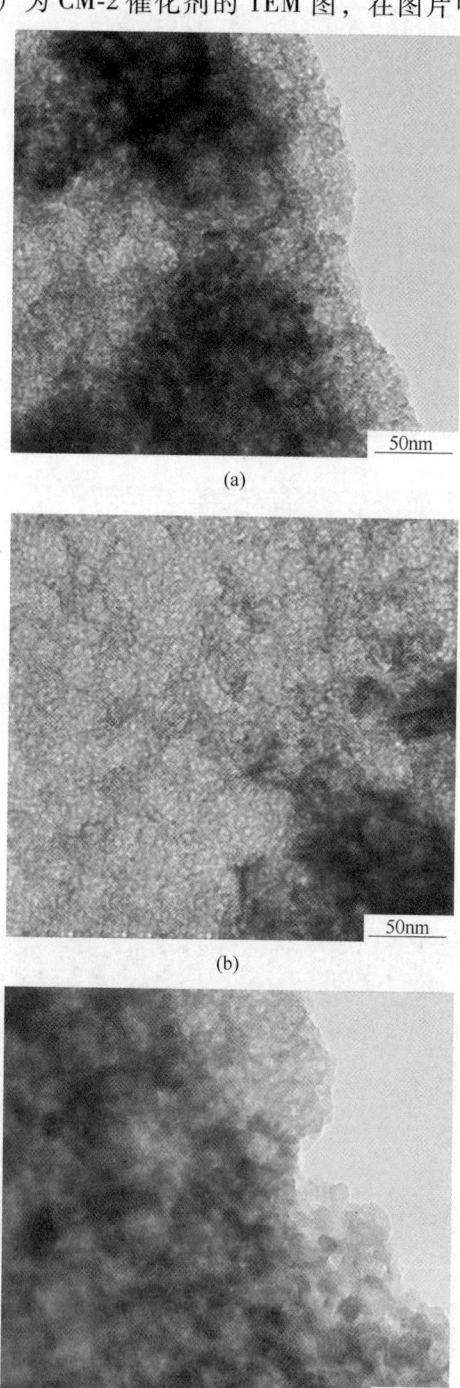

(a)

(b)

(c)

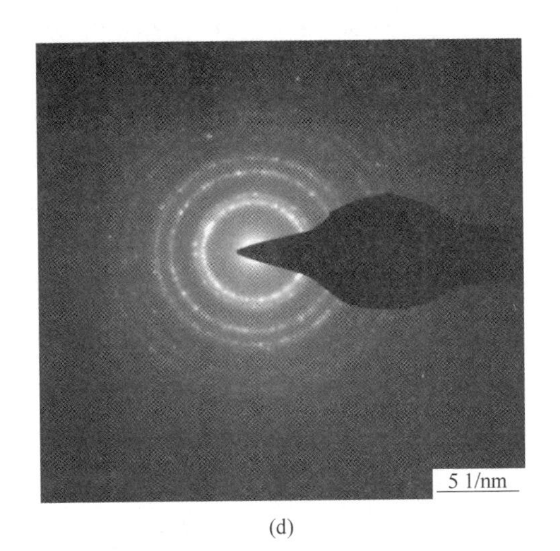

(d)

图 3-8 CM-2 催化剂的 TEM 图((a)~(c))及 SAED 图（d）

的孔状结构，根据催化剂的织构信息，催化剂的平均孔径分别为 15.93nm，与 TEM 图中得到的信息（15nm）相符。由 SAED 图（图 3-8（d））可以看出，催化剂样品均具有类似多晶结构的电子衍射环，可以判断样品催化剂具有多个晶面。

图 3-9（a）~（c）为 CM-3 催化剂的 TEM 图，在图片中可以明显地看到孔状结构，孔径为 10~17nm。根据催化剂的织构信息，催化剂的平均孔径分别为 13.36nm，与 TEM 图中得到的信息相符。由样品的 SAED 图（图 3-9（d））可以看出，催化剂样品均具有类似多晶结构的电子衍射环，可以判断样品催化剂具有多个晶面。

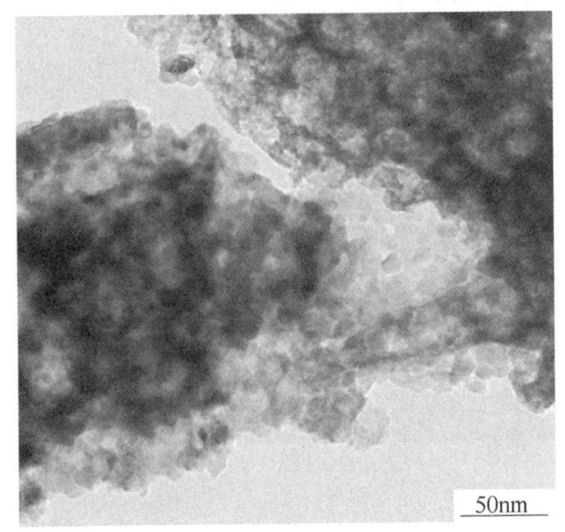

(a)

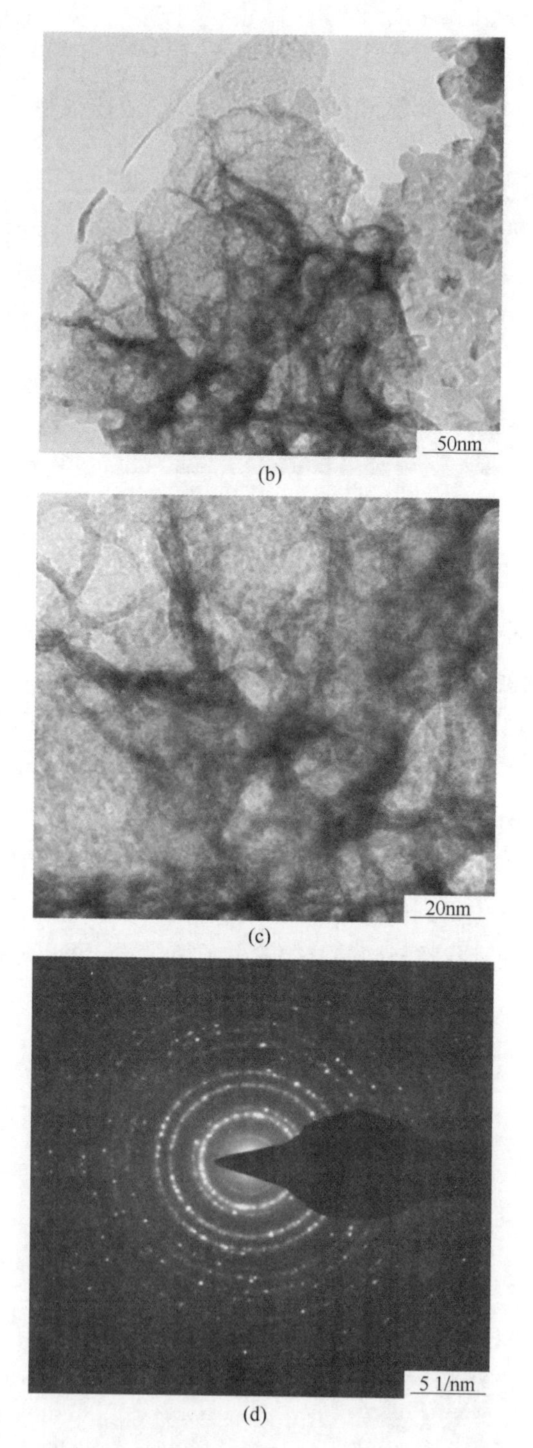

图 3-9　CM-3 催化剂的 TEM 图((a)~(c))及 SAED 图（d）

3.2.4 催化剂的孔结构

图 3-10 为 CM-1、CM-2 和 CM-3 催化剂样品的 N_2 吸-脱附曲线和孔径分布曲线，经分析，吸-脱附曲线为Ⅵ型，三组催化剂均在相对压力（p/p_0）0.45~0.98 范围内出现 H4 型滞后环，由此推断催化剂样品可能具有复合孔结构。CM-1 催化剂在 1.53nm、3.88nm 和 17.14nm 处出现 3 个峰，其平均孔径为 7.52nm；CM-2 催化剂均在 1.77nm、5.04nm 和 17.86nm 处出现 3 个峰，催化剂样品的平均孔径为 8.22nm；CM-3 催化剂在 2.08nm、5.67nm、25.20nm 处出现 3 个峰，催化剂样品的平均孔径为 10.98nm。

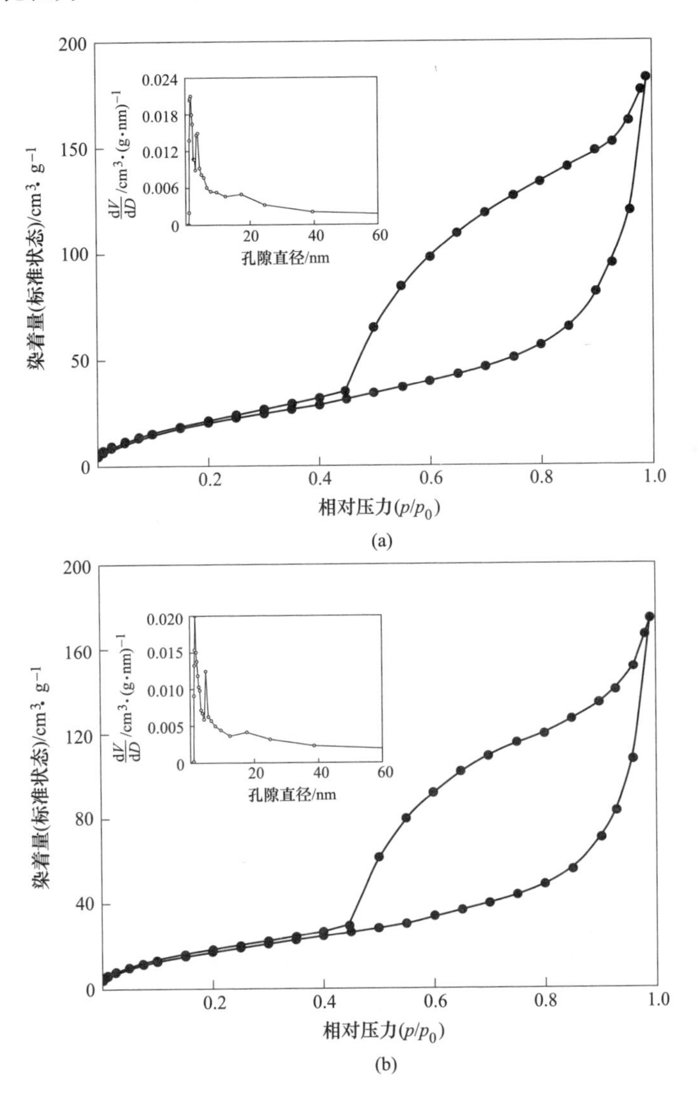

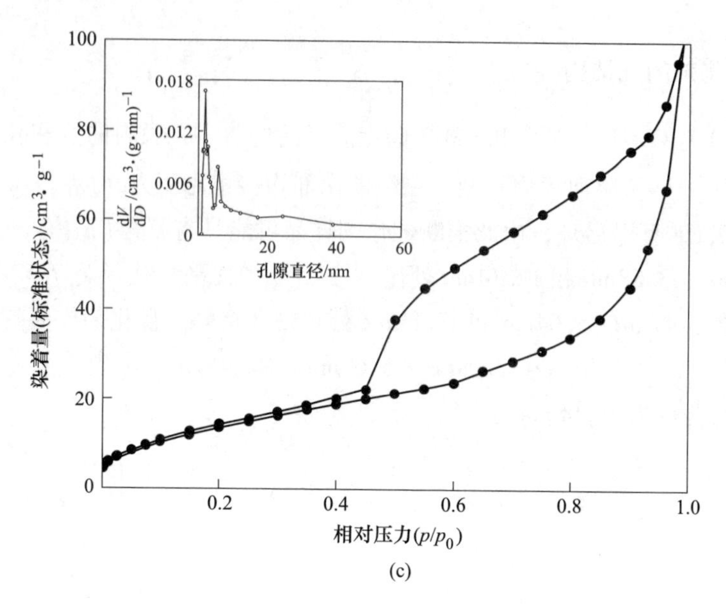

图 3-10 CM-1（a）、CM-2（b）和 CM-3（c）催化剂的 N_2 吸-脱附曲线和孔径分布图（插图）

各催化剂的织构信息列于表 3-2 中，分析表中数据可以得知，在一定范围内，直接热分解法制备的介孔复合氧化物催化剂的比表面积随硝酸锰含量的增加而增大，随柠檬酸与硝酸铈摩尔比的增大而增大，其中，以 CM-1 催化剂的比表面积最大，达到 82. 30m²/g，平均孔径为 14. 10nm，其孔体积为 0. 29cm³/g。

表 3-2 CM-1、CM-2 和 CM-3 催化剂的织构信息

催化剂	表面积/m² · g⁻¹	平均孔径/nm	孔体积/cm³ · g⁻¹
CM-1	82. 30	14. 10	0. 29
CM-2	69. 93	15. 93	0. 28
CM-3	46. 97	13. 36	0. 16

3. 2. 5 表面元素组成、金属氧化态和表面氧物种

XPS 常用来研究催化剂样品的表面组成、金属氧化态及吸附物种。图 3-11（a)为 CM-1、CM-2 和 CM-3 催化剂样品 Ce $3d_{5/2}$ 的 XPS 谱图。表示了催化剂样品中 Ce 3d 核心能级的 XPS 谱及 5 对轨道自旋组分。图中标记的 u、u′、u′′、v、v′、v″代表观察到的 3 对自旋轨道双联体，与 Ce^{4+} 的 3d 状态的特征相对应。催化剂样品的 Ce $3d_{5/2}$ 谱图可以分解为 882. 5eV、888. 4eV、898. 1eV、

900.8eV、907.4eV 和 916.6eV 六个峰。

图 3-11（b）为 CM-1、CM-2 和 CM-3 催化剂样品的 Mn $2p_{3/2}$、$2p_{1/2}$的 XPS 谱图。表示了催化剂样品中 Mn 2p 核心能级的 XPS 谱，其中可以观察到 Mn 2p 的双峰。Mn 2p 表现出两个峰，分别为 641.4eV 的 Mn $2p_{3/2}$组分和 652.9eV 的 Mn $2p_{1/2}$组分，自旋轨道分裂 $\Delta E = 11.5$eV。经研究，观察到的结合能对应的是 Mn^{3+}

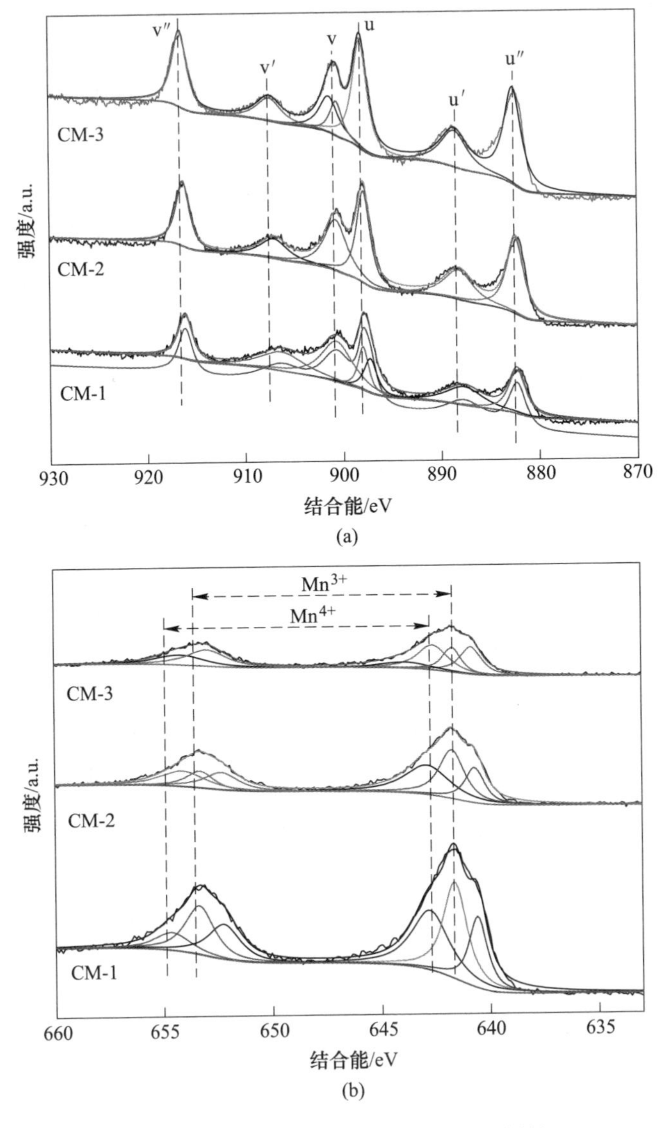

图 3-11 彩图

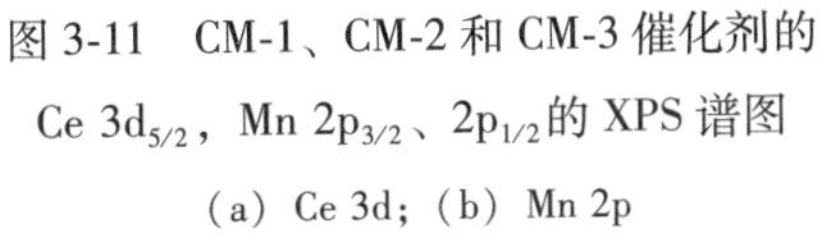

图 3-11　CM-1、CM-2 和 CM-3 催化剂的 Ce $3d_{5/2}$，Mn $2p_{3/2}$、$2p_{1/2}$的 XPS 谱图

（a）Ce 3d；（b）Mn 2p

和 Mn^{4+} 物种的混合物。不对称的谱峰可分解为 3 个峰，对应的结合能分别为 642. 6eV、641. 6eV 和 640. 6eV，对应催化剂样品表面的 Mn^{2+}、Mn^{3+} 和 Mn^{4+} 物种。

3. 2. 6 催化剂的还原性能

图 3-12 显示了三组催化剂的还原曲线，其中低温处的峰归因于可还原的锰物种，相对应的是 MnO_2 还原为 Mn_3O_4；高温峰对应的是 CeO_2 的表面峰端的氧减少时，Mn_3O_4 还原为 MnO。

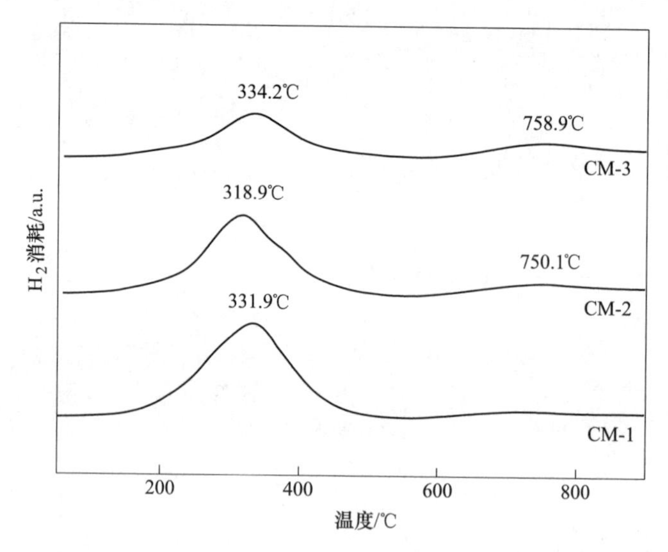

图 3-12 CM-1、CM-2 和 CM-3 催化剂的 H_2-TPR 曲线

对三组催化剂的还原过程进行定量计算，得知，CM-1 催化剂在 331. 9℃处还原峰的 H_2 消耗量为 10. 34mmol/g；CM-2 催化剂在 318. 9℃和 750. 1℃处存在还原峰，相应位置的 H_2 消耗量为 8. 36mmol/g 和 2. 03mmol/g；CM-3 具有 2 个还原峰，分别处于 334. 2℃和 758. 9℃处，其 H_2 消耗量为 4. 43mmol/g 和 2. 18mmol/g。

3. 3 小　　结

以柠檬酸作为辅助剂，硝酸铈与硝酸锰为金属源，采用直接热分解法制备了介孔 Ce-Mn 复合金属氧化物催化剂，样品催化剂具有蠕虫孔状结构。通过多种方式对样品的物化性质及催化氧化性能进行表征和测试。

表征结果表明介孔催化剂样品的结构随着柠檬酸和金属硝酸盐的含量不同而存在一定差异。介孔 Ce-Mn 复合金属氧化物催化剂为立方晶体结构，催化剂的孔道分布均匀且孔径大小基本一致，本组催化剂样品中催化活性相对优异的是CM-2催化剂，比表面积为 69.93m^2/g，CM-1 及 CM-3 催化剂的比表面积分别为 82.30m^2/g、49.96m^2/g。平均孔径为 15.93nm，其他两组分别为 14.10nm 和 13.36nm。在乙酸乙酯浓度为1000mg/L，空速20000mL/(g·h) 的条件下，温度为 190℃时，乙酸乙酯的转化率达 90%，CM-1 及 CM-3 催化剂的 $T_{90\%}$ 分别为 199℃和 222℃，均具有较优异的低温活性。可能是适当的柠檬酸与金属硝酸盐的比例使 CM-2 催化剂的催化活性比 CM-1、CM-3 略优异。

4　介孔 Cr-Ce-O_x 的制备和表征

4.1　主要试剂与仪器

主要试剂与仪器见表 4-1。

表 4-1　主要试剂和仪器

试剂名称	纯　度	生产厂家
硝酸铈	分析纯	天津市光复精细化工研究所
柠檬酸	分析纯	天津市光复科技有限公司
葡萄糖	分析纯	天津市天力化学试剂有限公司
无水乙醇	分析纯	天津市福晨化学试剂厂
氢氟酸	分析纯	天津市福晨化学试剂厂
P123	分析纯	百灵威科技有限公司
正硅酸乙酯	分析纯	国药集团
电子天平	AY-220	日本岛津公司
马弗炉	KSW-5-12A	天津市中环实验电炉有限公司

所有化学试剂在使用时无须进一步纯化，直接使用。

4.2　介孔 Cr_2O_3-CeO_2 催化剂的制备

制备三维有序介孔氧化硅硬模板（KIT-6），在水溶液中将 P123（$EO_{20}PO_{70}EO_{20}$，相对分子质量为 5800）和正丁醇按 1∶1 混合，在温度为 25～35℃下加入 0.5mol/L 的盐酸，也可以用四乙氧硅烷（TEOS）或硅酸钠作为二氧化硅的来源。典型方法是将 6g 的 P123 溶解在 217g 蒸馏水和 11.8g 35%浓盐酸中。然后再加入 6g 99.4%正丁醇，在 35℃不断搅拌使其充分混合。搅拌 1h 后，在该温度下加入 12.9g TEOS（摩尔比为 TEOS∶P123∶盐酸∶水∶丁醇＝1∶0.017∶1.83∶195∶1.31）。将该混合物在 35℃下搅拌 24h。转入自压釜中，在 100℃水热处理

24h。过滤后洗涤并在100℃下干燥。用乙醇-盐酸混合物中萃取除去模板，然后将得到的白色固体粉末放在马弗炉中，调温度至550℃煅烧即可得到KIT-6粉末。

催化剂的制备：将0.3g KIT-6粉末置于支管试管底部，支管开口端连接真空泵，另一端连接一个滴液漏斗（装置如图4-1所示），在真空条件下（0.6kPa）保持20min后，再滴加1mmol $Cr(NO_3)_3 \cdot 9H_2O$ 和1mmol $Ce(NO_3)_3 \cdot 6H_2O$ 的乙醇溶液15mL，继续保持0.6kPa真空度至样品干燥。然后将样品在马弗炉中焙烧，以1℃/min升温至550℃并保持3h，再用5%(质量分数)HF洗涤，离心分离去除二氧化硅模板。用去离子水和无水乙醇分别洗涤样品3次，在60℃下干燥12h得到介孔氧化铬-氧化铈纳米材料，用符号*meso*-Cr-Ce-*x*(*x*表示Cr/Ce的摩尔比）表示。

为了比较，直接取用上述等量硝酸盐混合物在相同条件下灼烧得到体相氧化铬-氧化铈样品，用*bulk*-Cr-Ce表示。

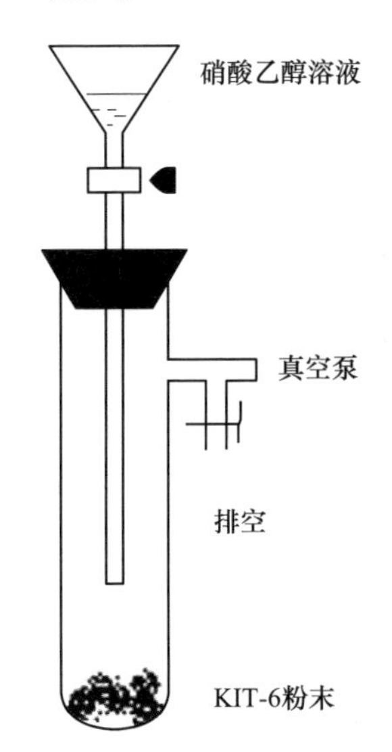

图4-1 真空法制备催化剂装置图

4.3 催化剂的表征

4.3.1 紫外可见-分光光度分析

随着光谱技术的快速发展，在材料表面的表征中，光学测量也已经具有十分重要的位置。漫反射紫外可见光谱是用来检测非单晶材料的有效方法，这种方法是对染料、颜料的测量而逐渐发展起来的。在催化剂结构的探究中，关于过渡金属离子及其化合物结构、活性组分与载体间的相互作用等方面的考察可用紫外可见漫反射来进行研究。本章中紫外可见固体漫反射光谱分析在北京谱析紫外可见分光光谱仪上进行。波长范围在 $\lambda=250\sim800nm$，以 $BaSO_4$ 作为样品的参比。

4.3.2　程序升温还原

用氢气程序升温还原（H_2-TPR）技术可以测定催化剂的氧化-还原性能。在一定的程序控制下实现升温，若升温过程中催化剂发生还原反应，则气相中的 H_2 浓度将随温度的变化而发生变化，用记录仪记录 H_2 浓度随温度变化的 TPR 图。一般的纯金属氧化物具有特定的还原温度，因此可以用还原温度作为金属氧化物的定性指标。实验开始前先准确称取样品，并在 N_2 气氛中吹扫，再在 $5\%H_2$-$95\%N_2$ 混合气氛中程序升温，记录实验结果。TPR 法具备很高的灵敏度，只消耗 10^{-8}mol H_2 的还原反应也能被检测出来。实验中采用 Micromeritics 公司生产的 AutoChem Ⅱ型化学吸附仪测定催化剂的还原性能。

4.3.3　催化剂活性评价

催化剂催化氧化甲苯和甲醛的性能在固定床反应器上完成。甲苯和甲醛的浓度均为 1000mg/L，空速 SV 为 30000mL/(g · h)，与氧气的摩尔比为 1∶300。它们的浓度可以由甲苯和甲醛的饱和蒸汽压以及 N_2 的流量进行控制，其中 N_2 的流量（携带有甲苯和甲醛气体，mg/L）可以根据公式 4-1 计算得出结果。根据查阅化学化工的物性数据手册得到甲苯的饱和蒸汽压为 1.657kPa，甲醛的饱和蒸汽压为 1.3kPa。

$$\frac{p_{饱}}{p_0}=[VOC]\times\frac{V_{总}}{V_{携带}} \tag{4-1}$$

式中　$p_{饱}$——甲苯和甲醛在 0℃时的饱和蒸汽压，h^{-1}；

p_0——标准大气压强，为 101.325kPa；

$V_{总}$——混合气体总流量，mL/min；

$V_{携带}$——携带甲苯或者甲醛的氮气的流量，mL/min。

用转化率（即单位比表面积的反应速率，%）来评价催化剂的催化活性，计算公式为：

$$转化率=\frac{发生反应的反应物量}{初始的反应物量}\times100\% \tag{4-2}$$

催化剂的催化活性的测定装置示意图如图 4-2 所示，量取 0.1g 催化剂填装在石英反应器中部，用石英棉堵住两端，反应时通入反应气甲苯或者甲醛（1000mg/L），空速为 $30000h^{-1}$，反应物和产物通过六通阀定量的进样，再通入气相色谱仪，在线进行检测。在实验开始前，使得催化剂在120℃温度下饱和吸附反应混合气1.5h。分析结果的测定是在一定温度下反应体系稳定20min后用气相色谱在线分析。色谱仪的工作条件：汽化室温度180℃，柱温190℃，检测器温度200℃，TCD检测器检测电流设置为120mA。Carboxen 1000填充柱分离永久性气体，Chromosorb 101毛细管柱分离有机物。

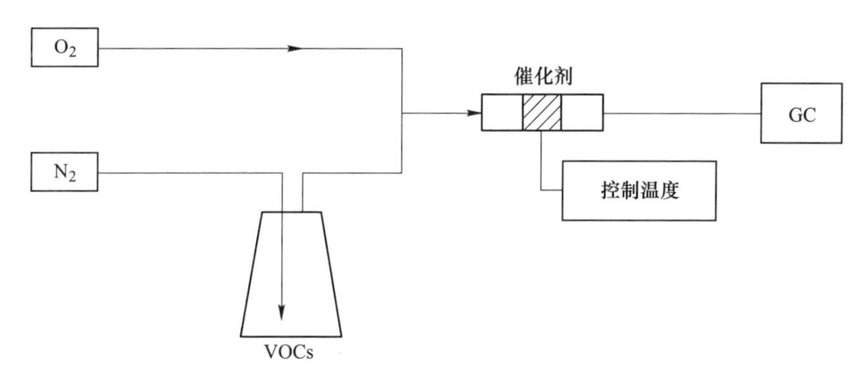

图4-2 催化反应的装置示意图

4.4 结果讨论

4.4.1 热分析

图4-3是硝酸铬的热分析曲线，图中显示，热重曲线上出现了4个失重段，在50~114℃、114~170℃、179~250℃和420~450℃四个失重区段对应的失重率分别是20%、40%、21%和6%。通过理论计算我们可以知道，前两个失重峰（峰值温度为94℃和147℃）主要是因为结晶水的分解（如式4-3和式4-4所示）；第三个失重峰对应的峰值温度183℃是对应于 $Cr(NO_3)_3$ 分解为 Cr_2O_3 的失重（如式4-5所示）；而第四个失重峰其峰值温度为434℃则为 Cr_2O_3 的部分晶格氧的失去（对应于式4-6）。其对应各个失重方程为：

$$Cr(NO_3)_3 \cdot 9H_2O \rightleftharpoons Cr(NO_3)_3 \cdot 4H_2O + 5H_2O \tag{4-3}$$

$$Cr(NO_3)_3 \cdot 4H_2O \rightleftharpoons Cr(NO_3)_3 + 4H_2O \tag{4-4}$$

$$Cr(NO_3)_3 \rightleftharpoons 0.5Cr_2O_3 + 3NO_2 + 0.75O_2 \tag{4-5}$$

$$Cr_2O_3 \rightleftharpoons Cr_2O_3 \tag{4-6}$$

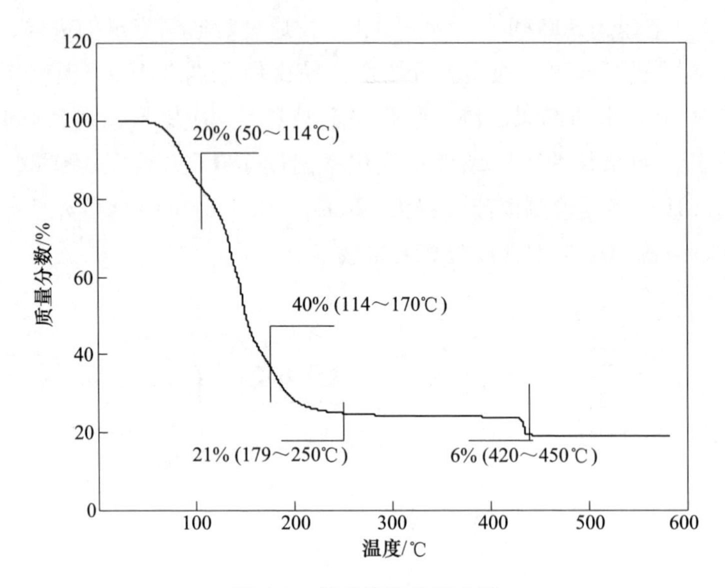

图 4-3 硝酸铬热分析曲线

图 4-4 是硝酸铈的热分析曲线，图中显示，热重曲线上出现了 3 个明显的失重阶段，分别出现在<100℃、100～250℃ 和 250～400℃，失重率分别是 15%、13%和 30%。通过理论计算可以知道，硝酸铈先在低温区域失去结晶水，随着温

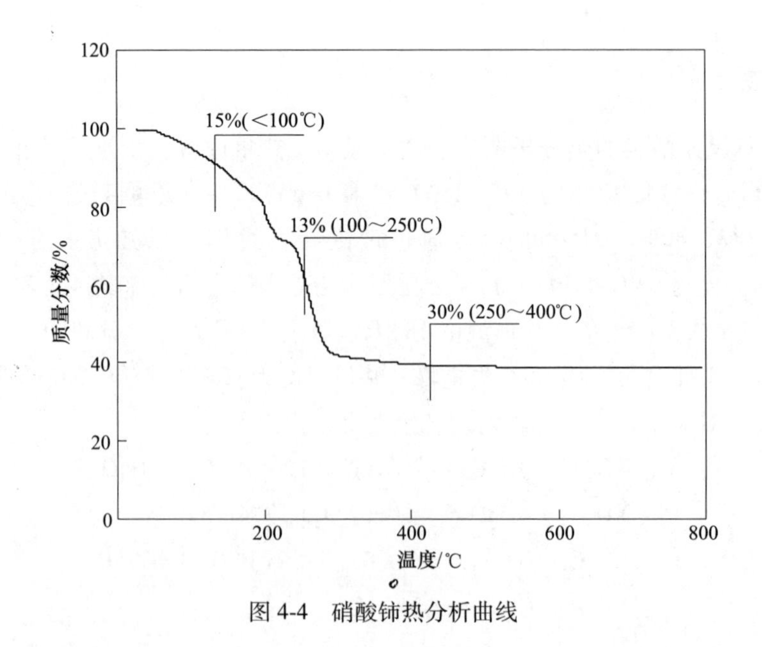

图 4-4 硝酸铈热分析曲线

度的提高再分解失去氮氧化物得到氧化铈，其对应各个失重方程为：

$$Ce(NO_3)_3 \cdot 6H_2O \rightleftharpoons Cr(NO_3)_3 \cdot 2.5H_2O + 3.5H_2O \tag{4-7}$$

$$Ce(NO_3)_3 \cdot 2.5H_2O \rightleftharpoons Cr(NO_3)_3 + 2.5H_2O \tag{4-8}$$

$$Ce(NO_3)_3 \rightleftharpoons CeO_2 + 3NO_2 + 0.5O_2 \tag{4-9}$$

从图 4-3 和图 4-4 中可以看出热分解的温度在 550℃便可以使硝酸盐分解成对应的氧化物，为后续热分解法制备催化剂的焙烧温度选取提供依据。

4.4.2 催化剂晶相结构

图 4-5 是 *meso*-Cr-Ce 系列催化剂的广角 XRD 图。由图可知，*meso*-Cr-Ce 催化剂都有明显的衍射峰，特别是 *meso*-Cr-Ce-1 催化剂（图 4-5）的衍射峰更明显，衍射峰的相对强度较大，说明该催化剂的结晶度更高。图 4-6 是 *meso*-Cr-Ce 系列催化剂的小角 XRD 图，从图中可以清晰地看到 *meso*-Cr-Ce 催化剂在 $2\theta = 0.8° \sim 1.2°$处都有明显的衍射峰，以 *meso*-Cr-Ce-1 催化剂（图 4-7 插图）的衍射峰最强，这说明 *meso*-Cr-Ce 系列催化剂中存在不同程度的介孔结构，以 *meso*-Cr-Ce-1 催化剂的介孔结构最发达，相似的介孔氧化硅材料的小角衍射图也有报道。

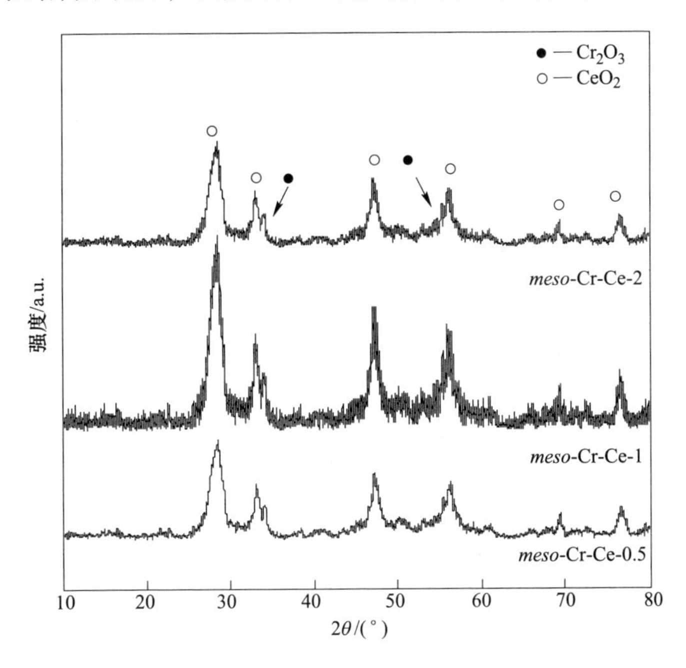

图 4-5 *meso*-Cr-Ce 催化剂的广角 XRD 图

图 4-7 是 *meso*-Cr-Ce-1 和 *bulk*-Cr-Ce 催化剂的广角和小角度 XRD 图。由图可知，*meso*-Cr-Ce-1 和 *bulk*-Cr-Ce 样品在 $2\theta = 28.5°$、$33.1°$、$47.4°$、$56.4°$、$69.4°$

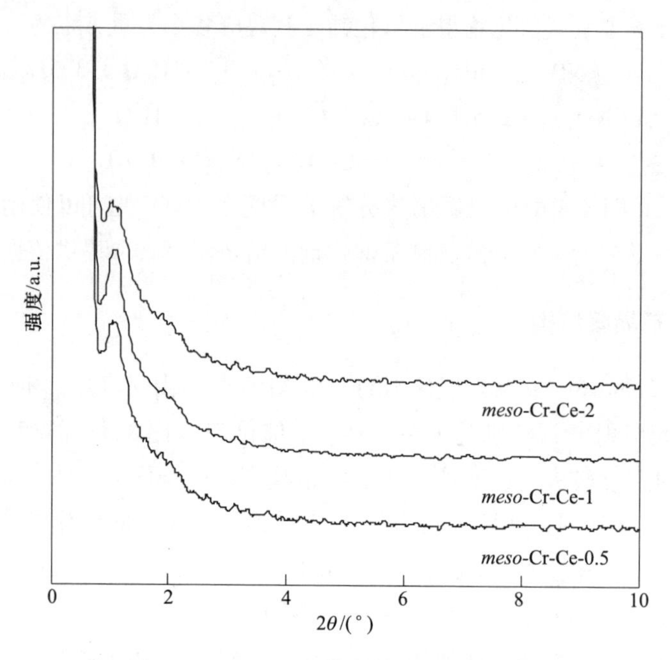

图 4-6　*meso*-Cr-Ce 催化剂的小角 XRD 图

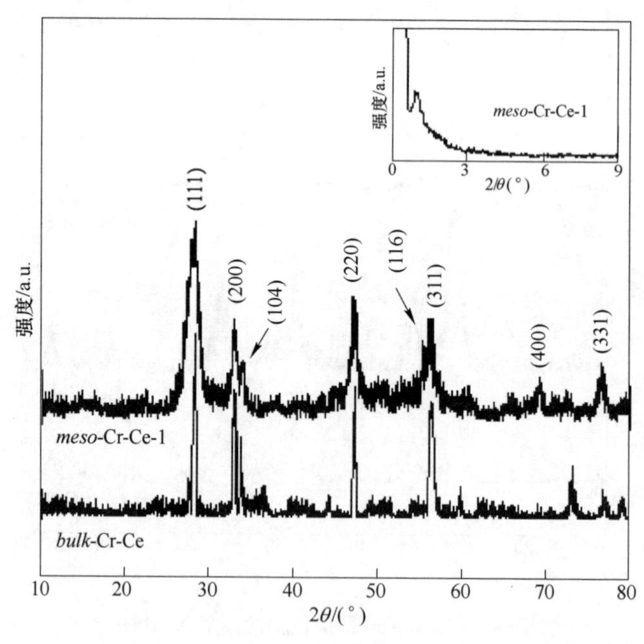

图 4-7　*meso*-Cr-Ce-1 和 *bulk*-Cr-Ce 催化剂的广角和小角（插图）XRD 图

和 76.6°出现了明显的衍射峰，经与标准数据比照，上述衍射峰分别归属于立方

晶相 CeO_2（JCPDS No. 78-0694）的衍射峰（111）、（200）、（220）、（311）、（400）和（331）晶面。而在 $2\theta = 33.9°$ 和 $55.4°$ 的弱峰则归属于六方 Cr_2O_3（JCPDS No. 84-0315）的（104）和（116）晶面，各个晶面已经标示于图中。对比各个衍射峰的强度可以看出 Cr_2O_3 的强度低于 CeO_2，这是由于在粒子中 Cr_2O_3 的分散性好于 CeO_2。与那些大粒径的 *bulk*-Cr-Ce 样品的衍射峰相比，介孔铬-铈样品中的 CeO_2 更宽泛，这说明产生了小晶粒尺寸的 CeO_2。另外采用低温焙烧制备得到 *meso*-Cr-Ce 样品是 Cr_2O_3 和 CeO_2 的混合氧化物，而不是 $Ce_{1-x}Cr_xO_2$ 固溶体。

4.4.3 催化剂孔道结构

图 4-8 是 *meso*-Cr-Ce-1 样品的 N_2 吸-脱附等温线和孔径的分布图，据观察，图中的吸-脱附线呈Ⅳ型等温线，在相对压力 0.4~1.0 间出现明显的滞后环，为典型的介孔材料的特征。BET 比表面积达 $160m^2/g$，孔体积为 $0.31cm^3/g$。与硬模板 KIT-6 比较，通过纳米技术得到的 *meso*-Cr-Ce-1 的比表面积和孔体积显著减小，这可能是与非硅金属硝酸盐在灼烧过程中分解得到的金属氧化物自身性质有关。*meso*-Cr-Ce-1 的孔径分布曲线（插图）可得到该样品的孔径分布呈单峰型，平均孔径在 7.2nm 处。

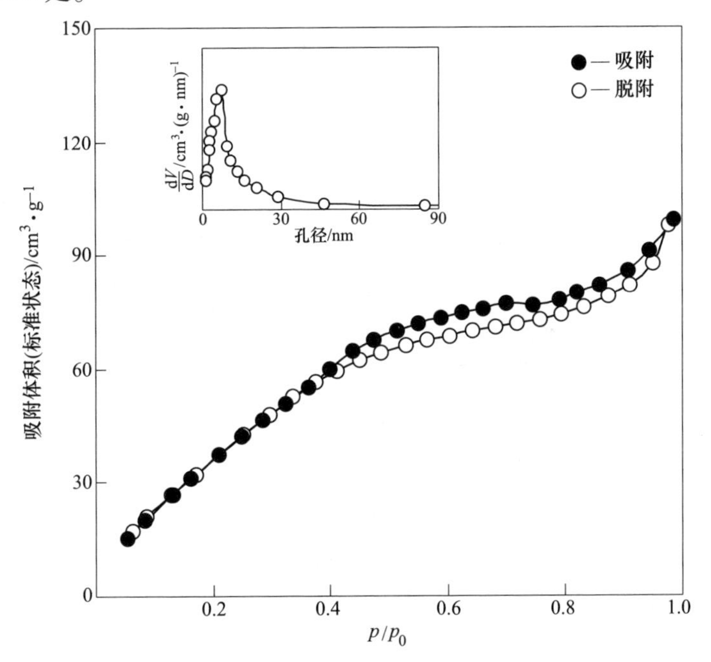

图 4-8 *meso*-Cr-Ce-1 催化剂的 N_2 吸-附脱附等温线和粒径分布图（插图）

表 4-2 是 KIT-6 和 Cr-Ce 催化剂的比表面积和孔径分布表征结果，结果表明，所制备的 *meso*-Cr-Ce 系列催化剂的比表面积和孔体积都优于体相催化剂 *bulk*-Cr-Ce，孔径分布较窄且较均匀，对比比表面积可以看出通过纳米复制后得到 *meso*-Cr-Ce 系列催化剂的比表面积小于模板 KIT-6 的比表面积，数值相差较大，这可能是因为（1）金属氧化物自身的物化性质和氧化硅的物化性质不同；（2）在纳米复制过程中，金属前驱体溶液不能完全充分填充到 KIT-6 模板的孔隙中去；（3）在焙烧过程中前驱体分解释放一定的孔道空间；（4）焙烧后的金属氧化物粒子有不同程度的聚集，这些因素都可能使得纳米复制过程不能完美复制。

表 4-2　KIT-6 和 Cr-Ce 催化剂的织构性质

样　品	表面积/$m^2 \cdot g^{-1}$	平均孔径/nm	孔体积/$cm^3 \cdot g^{-1}$
KIT-6	786	6.7	0.98
bulk-Cr-Ce	9	—	—
meso-Cr-Ce-0.5	85	6.8	0.24
meso-Cr-Ce-1	160	7.2	0.31
meso-Cr-Ce-2	94	6.3	0.28

图 4-9 是 *meso*-Cr-Ce-1 催化剂的 TEM 图。从图 4-9（a）可以清晰地看出 *meso*-Cr-Ce-1 催化剂的孔结构呈有序分布，孔道均匀，孔隙发达，从图中估测孔径范围在 5~12nm，孔壁厚为 8~15nm，这与小角 XRD（图 4-6）的结果和表 4-2 的结果一致。图 4-9（b）为 *meso*-Cr-Ce-1 催化剂的高倍 TEM 图，图中可以清晰看到衍射条纹，且衍射条纹的间距有明显不同，说明在样品中存在不同的晶体结构，由于该催化剂是由氧化铬和氧化铈两种组分组成，出现了两种不同样式的衍射条纹。

(a)

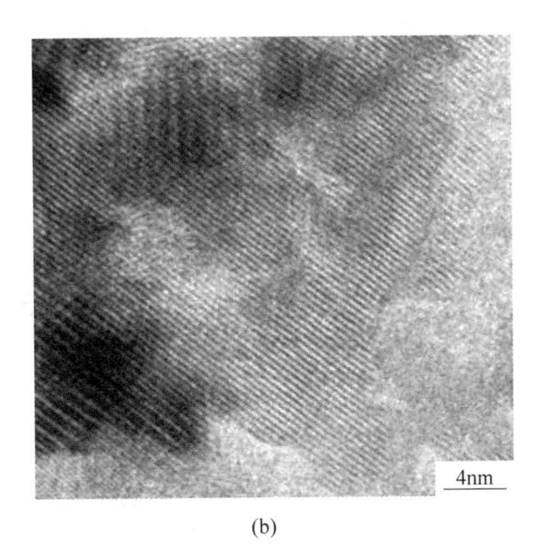

(b)

图 4-9 *meso*-Cr-Ce-1 催化剂的 TEM 图

图 4-10 和图 4-11 是 *meso*-Cr-Ce-0.5 和 *meso*-Cr-Ce-2 催化剂的 TEM 图，对比图 4-7（a）可以看出 *meso*-Cr-Ce-0.5 和 *meso*-Cr-Ce-2 催化剂的孔道结构有序性较差，且孔道不清晰，表 4-1 中列出的 *meso*-Cr-Ce-0.5 和 *meso*-Cr-Ce-2 催化剂的比

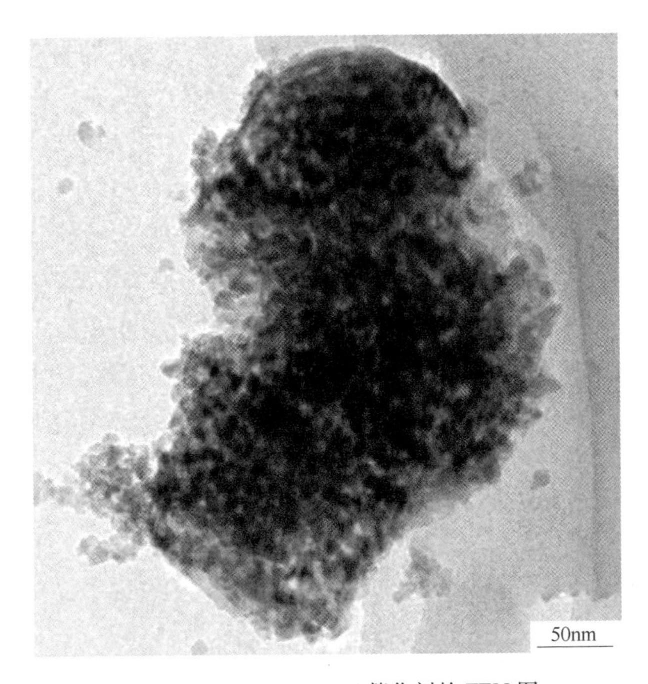

图 4-10 *meso*-Cr-Ce-0.5 催化剂的 TEM 图

表面积分别为 $85m^2/g$ 和 $94m^2/g$，由于 *meso*-Cr-Ce 催化剂制备条件都相同，而 TEM 图显示的结构不同，比表面积也不同，这可能是催化剂中组分的相互影响造成的。

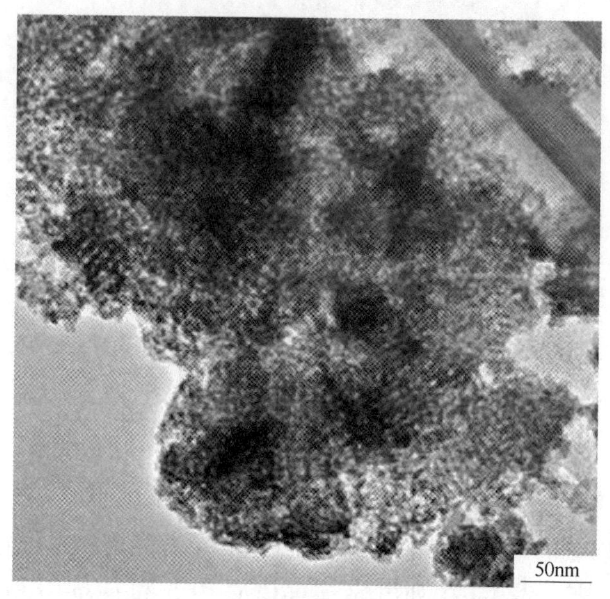

图 4-11　*meso*-Cr-Ce-2 催化剂的 TEM 图

从理论上讲，通过纳米复制过程，介孔铬-铈氧化物样品孔径和壁厚应等于硬模板的 KIT-6 壁厚和孔径，然而在浸渍和焙烧的过程中，KIT-6 与 CeO_2 和 Cr_2O_3 毛孔收缩，导致不完全填充，以及粒子的不同程度的聚集等影响，这样造成不是完全的纳米复制的偏差是不可避免的。类似的现象其他的研究者也有过类似的报道。利用真空技术，二氧化硅模板内的金属前驱体的固-液传质和分散能力都大大地增强。这将最大限度地填充孔道，很好地保留了消除硅模板之后的介孔结构。通过高分辨率透射电子显微镜的分析也可以得出有晶体的生成。图 4-9（b）中样品清晰地呈现出晶格条纹。这表明有高度结晶的样品生成，再联系 XRD 图（图 4-7）和 N_2 吸-脱附等温线（图 4-8）可以充分证明样品中形成了介孔结构，且晶化度较高。根据在多维网状结构中活性位的反应分子的特性，我们相信，所制备的介孔铬-铈样品可用作多相活性催化剂。

4.4.4　吸光性能

稀土氧化物及其掺杂材料在紫外光或可见光照射下具有光催化活性。图 4-12 是 *bulk*-Cr-Ce（体相铬-铈氧化物）、*bulk*-Cr_2O_3（体相氧化铬）、*bulk*-CeO_2（体相氧化铈）和 *meso*-Cr-Ce-1（介孔铬-铈氧化物）的紫外可见光谱。图中看出 *bulk*-Cr-Ce 和 *bulk*-CeO_2 在 200~400nm 出现电荷转移吸收带，这是由在粒子表面电荷由氧转移到铈引起的。*meso*-Cr-Ce-1 样品在 470nm 和 600nm 的可见光区域也出现了强吸光，这是由高比表面积的 Cr_2O_3 中的$^4A_{2g}\to{}^4T_{1g}$和$^4A_{2g}\to{}^4T_{2g}$跃迁引起的。*meso*-Cr-Ce-1 样品具有良好的中孔结构和较大的比表面积，充分暴露氧化物颗粒，使其具有不同的结构性质，也使其吸光性质发生了显著改变。*meso*-Cr-Ce-1 样品和 *bulk*-Cr-Ce 样品的光谱中的显著不同还可能由于氧化铈和氧化铬结构性能和协同作用的影响。

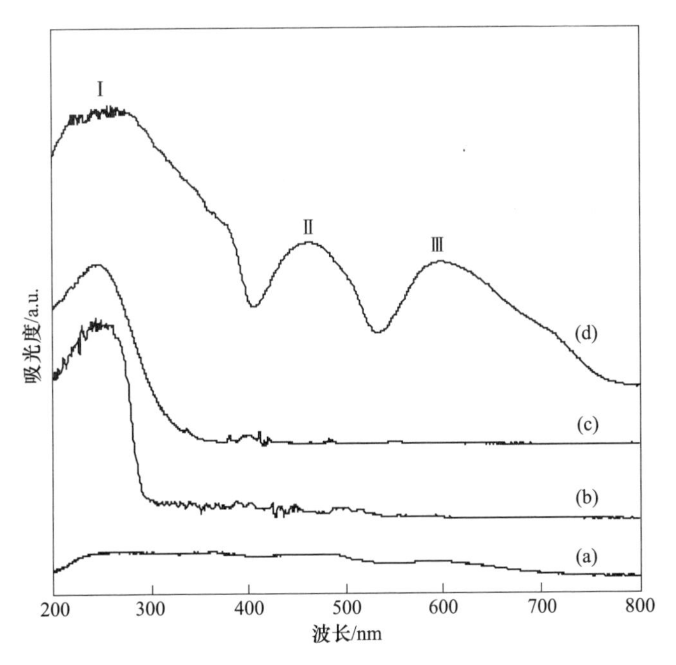

图 4-12 *bulk*-Cr_2O_3（a）、*bulk*-CeO_2（b）、*bulk*-Cr-Ce（c）和 *meso*-Cr-Ce-1（d）紫外可见吸收光谱

介孔材料表现出与体相材料不同的吸光性能，特别是 *meso*-Cr-Ce-1 样品在紫外光区和可见光区都有吸光，使得该样品在光催化剂中有着潜在的用途。

4.4.5 还原性能

用 H_2-TPR 是研究了 Cr-Ce 催化剂还原性能，金属（混合）氧化物催化剂参与的化学反应是氧化还原反应，H_2-TPR 技术可以提供金属（混合）氧化物催化剂的氧化还原性能信息。Cr-Ce 催化剂的 TPR 曲线如图 4-13 所示。据文献报道纯

CeO_2 的还原峰出现在 490℃和 880℃，归属于 Ce^{4+} 和体相氧的还原；而纯 Cr_2O_3 的还原峰出现在 518℃，归属于 Cr^{3+}→Cr^{2+} 的还原。双组分金属氧化物 Ce-Ce 催化剂的还原峰向低温方向移动，其中 *bulk*-Cr-Ce 催化剂的还原峰出现在 466℃处，在低温区域（约 300℃）有不明显的还原峰。*meso*-Cr-Ce-0. 5 催化剂的还原峰出现在 309℃和 459℃处，*meso*-Cr-Ce-1 催化剂的还原峰出现在 162℃、330℃和 430℃处，*meso*-Cr-Ce-2 催化剂的还原峰出现在 248℃和 440℃处，对比发现 *meso*-Cr-Ce-1 催化剂的还原峰较 *meso*-Cr-Ce-2 和 *meso*-Cr-Ce-0. 5 多一个低温区域的还原峰，可见该催化剂具有较好的低温还原性能。其中的 430~466℃温区的还原峰归属于 Cr^{3+}→Cr^{2+} 的还原，低于 400℃还原峰多归属于少量 Cr^{6+} 和 Cr^{5+} 被还原到 Cr^{3+}。与 *bulk*-Cr-Ce 催化剂相比，*meso*-Cr-Ce 催化剂的还原峰宽度较大，都向低温方向移动，特别是 *meso*-Cr-Ce-1 催化剂在 162℃处有明显的还原峰出现，CeO_2 的掺入可以提高催化剂的低温还原能力，使得 H_2 还原峰变得较宽，这可能与 CeO_2 具有较好的储氧能力有关。

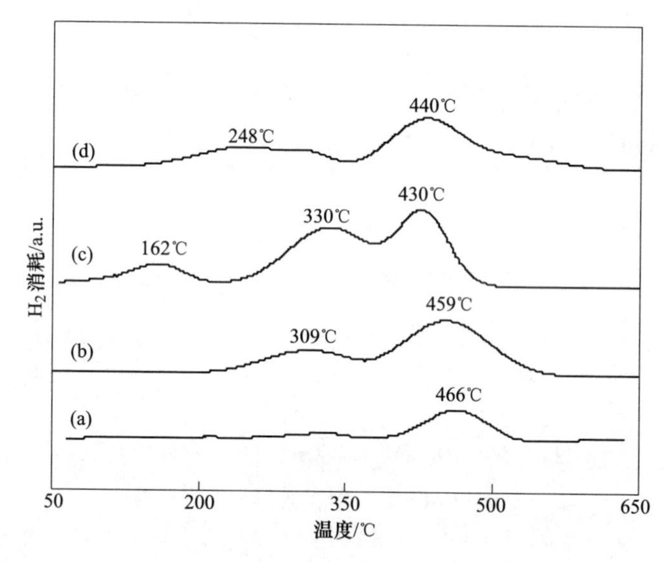

图 4-13　*bulk*-Cr-Ce（a）、*meso*-Cr-Ce-0. 5（b）、*meso*-Cr-Ce-1（c）和 *meso*-Cr-Ce-2（d）的 H_2-TPR 曲线

4. 4. 6　催化性能

图 4-14 是 Cr-Ce 催化剂催化氧化甲苯和甲醛的转化率图。催化氧化实验条件是：甲苯（或甲醛）浓度 = 600mg/L，甲苯（或甲醛）/O_2 摩尔比 = 1/300，SV = 30000mL/(g · h)。反应开始前先使催化剂在反应气氛下吸附平衡，防止出

现畸峰。图中可见，各个催化剂上甲苯和甲醛的氧化的转化率随着反应温度的提高而逐渐提高，曲线的走势呈相似的趋势，在低温区，曲线斜率变化较小，增长缓慢，而在高温区，曲线斜率变化较大增势明显。计算反应前后“碳”得失率证实，甲苯和甲醇氧化的产物是二氧化碳和水。

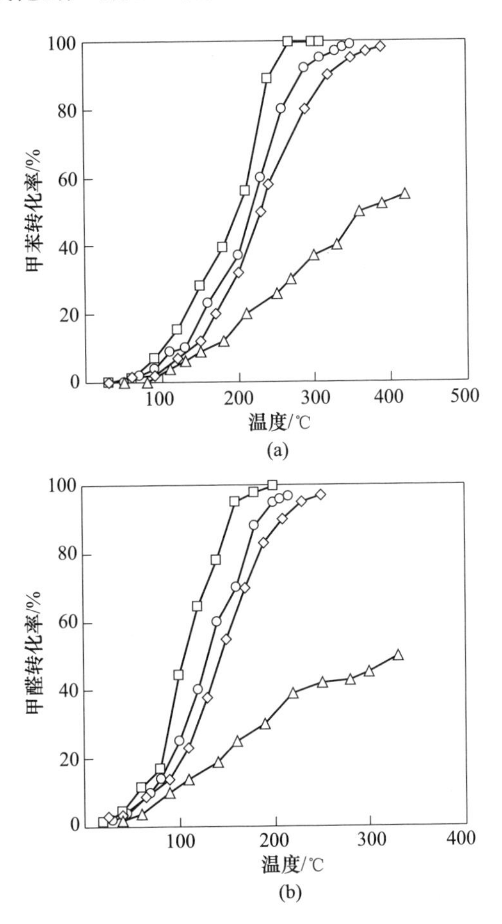

图 4-14 *bulk*-Cr-Ce（△）、*meso*-Cr-Ce-0.5（◇）、*meso*-Cr-Ce-1（□）和 *meso*-Cr-Ce-2（○）催化剂上甲苯（a）和甲醛（b）氧化转化率与温度的关系图

对比图 4-14（a）和（b）转化率曲线可以看出，图 4-14（a）中甲苯的转化率曲线随着反应温度的升高而逐渐提高，在温度较低的区域内，甲苯的上升速率比较缓慢，而当反应温度超过 150℃后，其转化率变化较快，逐渐达到完全转化的程度。在 *meso*-Cr-Ce-1 催化剂上 270℃甲苯可以完全氧化。图 4-14（b）甲醛的转化率图中，能够看出其转化率曲线与图 4-14（a）有相似的趋势，但在低温区域内甲醛的转化率变化显著，可见在 *meso*-Cr-Ce 催化剂上甲醛氧化比甲苯的氧

化更容易。

为了可以清楚直观地观测催化剂的反应催化活性，将催化剂达到转化率为10%、50%和90%时的反应温度列于表 4-3 中。从图 4-14 和表 4-3 中可以看出，*meso*-Cr-Ce-0. 5，*meso*-Cr-Ce-1 和 *meso*-Cr-Ce-2 催化剂上甲苯和甲醛的转化率要明显优于 *bulk*-Cr-Ce 催化剂，各个催化活性的排列顺序为：

meso-Cr-Ce-1 > *meso*-Cr-Ce-2 > *meso*-Cr-Ce-0. 5 > *bulk*-Cr-Ce

这与各个催化剂的还原性和比表面积一致。

表 4-3　Cr-Ce 催化剂的催化氧化甲苯和甲醛性能比较

样　　品	甲苯氧化活性/℃			甲醛氧化活性/℃		
	$T_{10\%}$	$T_{50\%}$	$T_{90\%}$	$T_{10\%}$	$T_{50\%}$	$T_{90\%}$
bulk-Cr-Ce	160	360	—	90	325	—
meso-Cr-Ce-0. 5	140	200	320	85	145	210
meso-Cr-Ce-1	100	220	240	60	105	160
meso-Cr-Ce-2	130	250	290	70	125	180

图 4-15 是 *meso*-Cr-Ce-1 催化剂催化氧化甲苯和甲醛的寿命实验，反应条件为：氧化甲苯和甲醛的反应温度分别为 240℃ 和 160℃，VOCs : O_2 = 1 : 300，空速 SV = 30000h^{-1}。连续测定 25h，甲苯与甲醛的转化率在一定范围内波动，无明

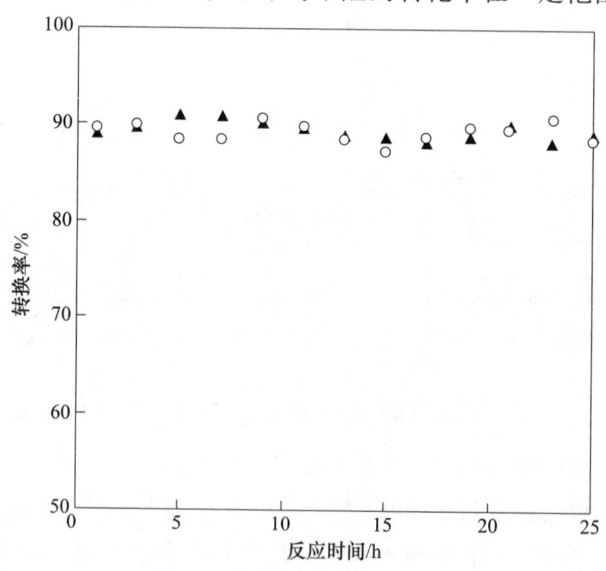

图 4-15　*meso*-Cr-Ce-1 催化剂催化氧化甲苯（○）和甲醛（▲）的寿命实验

显的变化维持在 90%左右。此实验结果表明该催化剂在该反应的时间内是稳定的，能长时间保持其催化活性。

4.4.7 催化反应活化能

甲苯和甲醛的催化氧化反应是热力学上可行的化学反应，选择合适的催化剂和催化反应体系可以降低反应的活化能，加快化学反应速度，缩短反应时间。系统研究催化氧化反应的过程和反应机理，有利于对催化剂进行改性，达到提高催化性能的目的。

Garetto 等认为在过量 O_2 存在的条件下，负载型 Pt 催化剂上丙烷完全氧化反应遵循一级反应过程。因此我们有理由认为在氧气绝对过量的条件下（VOCs：O_2=1：300），甲苯和甲醛的完全氧化反应也遵循一级反应过程，可用下列公式表示：

$$r = -kc = -A\mathrm{e}^{-\frac{E_a}{RT}}c \tag{4-10}$$

式中 r——反应速率，mol/h；

k——速率常数；

c——甲苯或乙酸乙酯的气态浓度；

A——置前因子；

E_a——活化能。

可以从反应转化率的实验结果中计算得到 k 值，一般的反应速率常数 k 随温度的变化根据 Arrhenius（阿累尼乌斯）方程：

$$k = k_0\mathrm{e}^{-\frac{E_a}{RT}} \tag{4-11}$$

可以求得反应的真活化能 E_a：

$$E_a = RT^2\left(\frac{\partial \ln k}{\partial T}\right)_p = \frac{RT^2}{k}\left(\frac{\partial k}{\partial T}\right)_p \tag{4-12}$$

将式 4-12 中的反应速率常数 k 用速度 v 取代，从而求出表观活化能 E'_a：

$$E'_a = RT^2\left(\frac{\partial \ln v}{\partial T}\right)_p = \frac{RT^2}{v}\left(\frac{\partial v}{\partial T}\right)_p \tag{4-13}$$

甲苯和甲醛完全氧化反应的转化率和反应温度的关系图转化成 $\ln v \sim 1/T$ 关系，如图 4-16 所示，其反应条件为：甲苯和甲醛反应温度分别为 240℃和 160℃，VOCs：O_2= 1：300，空速 SV=30000h^{-1}。图 4-16 中甲苯和甲醛氧化的阿累尼乌斯直线方程分别为 $y=-7.7111x+18.318$ 和 $y=-4.4743x+11.218$，直线斜率分别是－7.7111（对甲苯氧化）和－4.4743（对甲醛氧化），以此可求出在空速=30000mL/(g·h) 和O_2 过量的条件下甲苯和甲醛在 *meso*-Cr-Ce-1 催化剂上完全氧化时的表观活化能，其值分别为 64.1kJ/mol 和 37.2kJ/mol。在 1.0MPa 压力下，Co 催化剂上甲苯液相氧化的本征活化能为 57.2kJ/mol，也有文献报道甲苯氧化的活化能为 79.8kJ/mol，*meso*-Cr-Ce-1 催化剂上甲苯氧化的活化能位于两者之间。另据报道，乙酸乙酯在 Pt/Al_2O_3 催化剂上完全氧化的表观活化能是 71.2kJ/mol。一般认为，烃类化合物的完全氧化是从活化和打破化合物中的 C—H 化学键开始的，C—H 化学键键能不同，其所在化合物的活化能也不同。

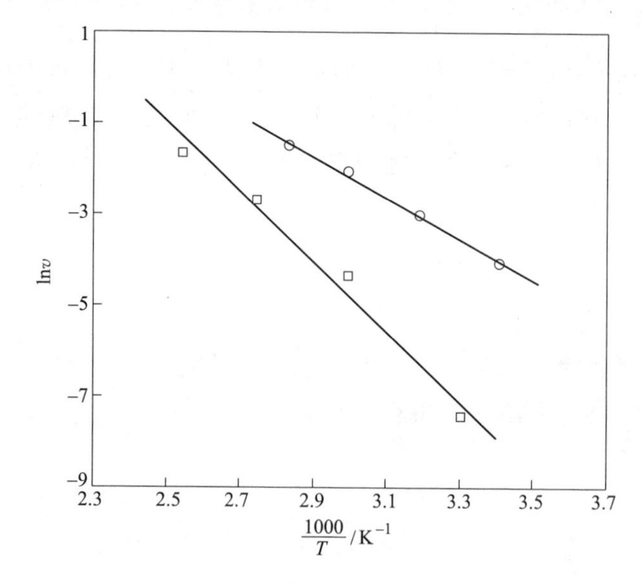

图 4-16 *meso*-Cr-Ce-1 催化剂上甲苯（□）和甲醛（○）催化氧化的 Arrhenius 曲线

4.5 小　　结

本章通过硬模板真空浸渍法制备了介孔氧化铬-氧化铈复合氧化物纳米材料，并采用 XRD、TEM、BET、TPR 和 UV-Vis 技术表征了催化剂的物化性质，对氧化典型的 VOCs（甲苯、甲醛）的催化性能进行了评价。

（1）以 KIT-6 为模板，通过真空辅助浸渍过程制备不同铬铈比例的 *meso*-Cr-Ce 催化剂。通过对其物理化学性质的表征可知，该系列催化剂尤其 *meso*-Cr-Ce-1 催化剂的结晶度更高，具有不同的介孔结构且介孔结构最发达。比表面积最大可达 160m^2/g。*meso*-Cr-Ce 系列催化剂具有一定的低温还原性，并且还原性能的强弱顺序与比表面积大小顺序是一致的，其中 *meso*-Cr-Ce-1 的还原性最佳。

（2）介孔氧化铬-氧化铈催化剂对甲苯和甲醛的氧化反应具有优良的催化性能。甲苯和甲醛的浓度为1000mg/L、摩尔比$VOCs/O_2$ = 1 ∶ 300以及空速SV=30000h^{-1}的条件下，甲苯与甲醛完全氧化转化率为90%时的反应温度分别是240℃和160℃，而且氧化产物为CO_2和H_2O没有其他的副产物。

（3）对催化剂的寿命进行评价，结果显示该催化剂比较稳定，能长时间地保持催化活性。

（4）*meso*-Cr-Ce-1催化剂的催化活性最好主要是因为其具备了三维有序的介孔结构、较高的比表面积、优异的低温还原性能等因素。对甲苯和甲醛在完全氧化时的表观活化能分别为64.1kJ/mol和37.2kJ/mol。

5 纳米氧化镍的制备及其表征

5.1 实 验 部 分

5.1.1 主要试剂与仪器

本章所用的试剂均为市售，使用前均未经处理。实验所用主要试剂和仪器分别列于表 5-1 和表 5-2 中。

表 5-1 主要实验试剂

试剂名称	纯 度	生产厂家
硝酸镍	分析纯	天津市福晨化学试剂厂
柠檬酸	分析纯	天津市虔诚伟业科技发展有限公司
无水乙醇	分析纯	天津市福晨化学试剂厂
高锰酸钾	分析纯	中国国药集团化学试剂有限公司
氢氧化钠	分析纯	中国国药集团化学试剂有限公司
浓盐酸（36%~38%）	分析纯	天津市虔诚伟业科技发展有限公司
甲苯	分析纯	天津市福晨化学试剂厂
氧化钐	分析纯	天津市福晨化学试剂厂
浓硝酸	分析纯	天津市福晨化学试剂厂
浓硫酸（67%~70%）	分析纯	天津市福晨化学试剂厂
氢氟酸	分析纯	天津市福晨化学试剂厂
正丁醇	分析纯	天津市福晨化学试剂厂
P123	分析纯	中国国药集团化学试剂有限公司
正硅酸乙酯	分析纯	天津市福晨化学试剂厂

表 5-2 主要实验仪器

仪器名称	规格/型号	生产厂家
电子天平	AY-220	日本岛津公司
集热式加热恒温磁力搅拌器	DF-101S	巩义市予华仪器有限责任公司
真空干燥箱	DZF-6020	上海博远实业有限公司
液相色谱/质谱联用仪	1100SeriseLC/MSD	美国安捷伦公司
马弗炉	KSW-5-12A	天津市中环实验电炉有限公司
玛瑙研钵	—	—
自压釜	100mL	北京大学无线电加工厂

5.1.2 纳米氧化镍的制备及其表征

采用直接热分解法制备纳米 NiO 催化剂。准确称取一定质量的硝酸镍、柠檬酸于玛瑙研钵中，分别研磨成粉末后，按照一定摩尔比混合均匀，后均匀平铺于干燥灰皿中，置于马弗炉中灼烧，升温速率为 1℃/min，达到目标温度后，保温 1.5h，待自然冷却后取出样品，分别用无水乙醇和去离子水洗涤三次，后置于真空干燥箱中，缓慢升温至 80℃，保温 4h，得到目标催化剂。分别将柠檬酸与硝酸镍摩尔比为 0.5∶1、1∶1 和 2∶1 的催化剂命名为 NiO-1、NiO-2 和 NiO-3。将市售硝酸镍在直接焙烧 1.5h 后得到体相催化剂记作 *bulk*-NiO、作对比使用。

采用 X 射线衍射（XRD）分析样品的晶相结构，XRD 技术是一种确定物质组成的重要技术手段，可用于定性和定量分析。由于每种晶体都具有其特有的点阵参数和晶体结构，因此，不同晶体有不同的 X 射线衍射图样。在鉴定物质组成时，将得到的谱图与 PDF 标准卡片相比对，谱图相符，即可以确定物质组成。测定催化剂结构的原理是 Bragg 衍射方程（式 5-1），条件为：

$$2d\sin\theta = n\lambda\,(n\ 为正整数) \tag{5-1}$$

估算晶粒大小的依据是 Scherrer 公式（式 5-2）：

$$D = \frac{n\lambda}{\beta\cos\theta} \tag{5-2}$$

以甲苯为探针反应，进行了氧化镍催化剂氧化 VOCs 的活性评价。石英管固定微床反应器，反应器内径4mm，反应用甲苯浓度为1000mg/L，甲苯与氧气摩尔比1∶400，空速20000mL/(g·h)，反应混合气（包括VOCs、O_2、N_2）流量33mL/min。查文献可知，甲苯的饱和蒸汽压为1.657kPa，VOCs的浓度可以通过调整N_2气体的流量来控制，携带VOCs的N_2流量（mg/L）用式5-3计算：

$$\frac{p_{饱}}{p_0}=[\mathrm{VOC}]\times\frac{V_{总}}{V_{携带}} \tag{5-3}$$

式中 $V_{总}$——混合气体的总流量，mL/min；

$p_{饱}$——甲苯在0℃时的饱和蒸汽压，h^{-1}；

$V_{携带}$——携带甲苯的氮气的流量，mL/min；

p_0——标准大气压强，101.325kPa。

本实验中催化剂用量为0.10g。用填充柱（Carboxen-1000型）来对永久性气体进行分离。TCD检测器中，检测电流为100mA；采用毛细管柱（DB-624型）对VOCs气体进行分离，FID检测器，分流比为30∶1。载气（氦气）的流速为30mL/min。柱温、汽化室温度和检测器温度分别为180℃、190℃和200℃。反应中，催化剂的催化活性用转化率（%）来表示，计算公式如式5-4所示：

$$转化率=\frac{发生反应的反应物量}{初始的反应物量}\times 100\% \tag{5-4}$$

5.1.3 纳米氧化锰的制备及其表征

采用水热法制备MnO_2纳米管催化剂，将0.0678g $KMnO_4$溶解在60mL去离子水中，将1.3mL的盐酸（质量分数37%）加入高锰酸钾溶液，搅拌30min，将上述溶液与15mL去离子水的混合物一起转移到100mL的自压反应釜中，然后在140℃下水热处理12h。之后对上述混合溶液进行抽滤，用去离子水和乙醇分别洗涤3次，然后将样品在60℃下干燥24h，即制得具有规整管状结构的纳米二氧化锰（MnO_2）催化剂。

采用XRD、TEM、SEM、N_2吸-脱附技术表征了二氧化锰催化剂物化性质，选用甲苯的氧化去除评价了该催化剂的催化活性。

5.1.4 纳米氧化钐的制备及其表征

采用硬模板法制备纳米氧化钐催化剂。取适量氧化钐置于烧杯中，向其中缓慢滴加1∶1的硝酸溶液直至氧化钐刚好能够完全溶解，将得到的混合物保存于盛有浓硫酸和硅胶的干燥器中，经过浓缩结晶处理，得到水合硝酸钐晶体。准确称取 1.1g 的硝酸钐溶解在 10mL 的去离子水中，得到溶液一。取 0.5g KIT-6 硅模板（硅模板（KIT-6）按照文献方法制备）置于干燥的支管试管中，在 50kPa 真空度下抽真空 60min 后，将溶液一逐滴滴入试管中，并在该真空度状态下继续干燥，得到前驱体。然后将前驱体放入马弗炉中，以 1℃/min 的速率升温至 850℃，保温 3h，以得到硝酸盐。待自然冷却后取出，用 10%的氢氟酸洗涤两次，再将得到的产物用去离子水洗涤 3~4 次，之后再于 60℃下干燥 24h，得到三维有序纳米 Sm_2O_3，命名为 *meso*-Sm-1，以上述配比在普通浸渍法制备得到的纳米金属氧化钐样品记作 *meso*-Sm-2，作为对比，将采用相同的处理程序制得的体相氧化钐记作 *bulk*-Sm。

采用 XRD、TEM、SEM、N_2 吸-脱附技术等对上述反应制得的氧化钐样品进行物化性质表征。

5.2 结果与讨论

随着工业的不断发展，随之而来的环境问题不容忽视。挥发性有机化合物（VOCs）是空气污染的重要组成成分。因此，仅针对颗粒物、硫化物、氮氧化物的消除已不能适应现状。大多数 VOCs 具有毒性且伴有刺激性气味，易燃易爆。挥发性有机化合物种类繁多，常见的有甲醛、乙醛、苯、多环芳香烃、甲苯等。VOCs 浓度达到一定程度，会影响人们的身心健康，轻则恶心乏力，重则肝中毒甚至患癌。目前 VOCs 的主要处理方法是回收与销毁两种。回收法包括吸附法、冷凝法、膜分离技术等，属于物理方法；而销毁法包括燃烧法、催化燃烧法、光催化降解法等，将 VOCs 转化为一系列无毒或毒性较小的无机物，属于化学方法。催化氧化法可以有效消除少量 VOCs，其净化效率高，产物污染小，耗能少。

过渡金属氧化物是催化氧化去除挥发性有机化合物的常用催化剂，氧化镍由于其优良的物化性质，在化工等诸多领域都有重要用途，常被用作催化剂材料；氧化锰也是被发现的具有半导体性能的过渡金属氧化物，由于其价电子构型，锰氧化物多种多样。锰氧化物具有成本低廉，毒性小等特点，人们对锰系氧化物的研究开发在逐步加快。目前对于锰氧化物的合成主要是溶胶-凝胶法及模板法，两种手段制备的产物结果并不是特别理想，因此，寻找新的纳米锰氧化物合成手段具有一定意义。

5.2.1 纳米氧化镍的物化性质及其活性评价

5.2.1.1 晶相结构

图 5-1 是柠檬酸与硝酸镍在不同摩尔比下混合，在 300℃下灼烧得到的 Ni 催化剂样品的广角 XRD 图，从图中可以看出，在 300℃下灼烧得到的样品，其衍射峰清晰可见，同时，随着柠檬酸含量的增加，样品的衍射峰的强度与峰宽也有一定程度的增大，经与标准卡片对比，在 $2\theta=37.24°$、43.27°、62.85°、75.37°和 79.36°处的衍射峰分别对应（111）、（200）、（220）、（311）和（222）晶面，与 JCPDS 标准卡片中的 PDF No. 78-0423 标准卡片一致，说明制得的样品为面心立方晶体结构，样品各个晶面的参数如图 5-1 所示。

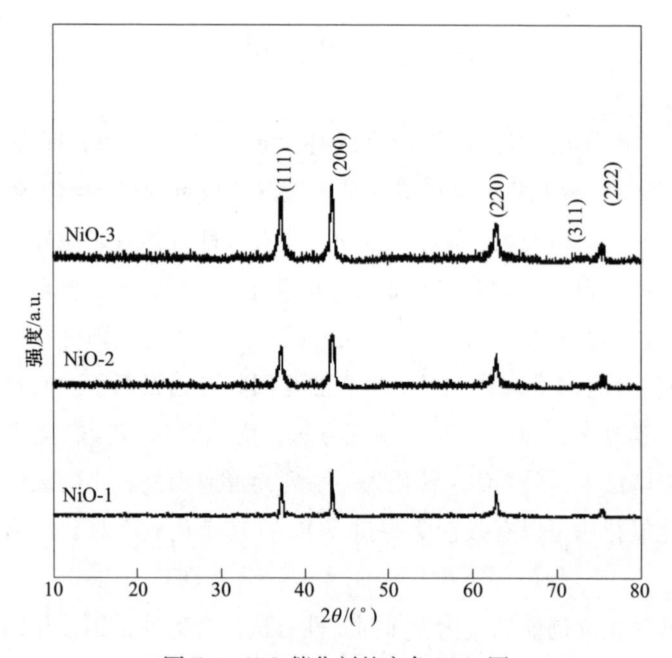

图 5-1 NiO 催化剂的广角 XRD 图

图 5-2 是 300℃下 NiO 催化剂的小角 XRD 衍射图，从图中能够看出，在 $2\theta=0.90°\sim0.95°$处出现小角衍射峰，其中，以柠檬酸与硝酸镍摩尔比 1∶1 的 NiO-2 催化剂样品小角衍射峰最为尖锐，NiO-1 催化剂的最弱，说明制得的催化剂孔结构不同。

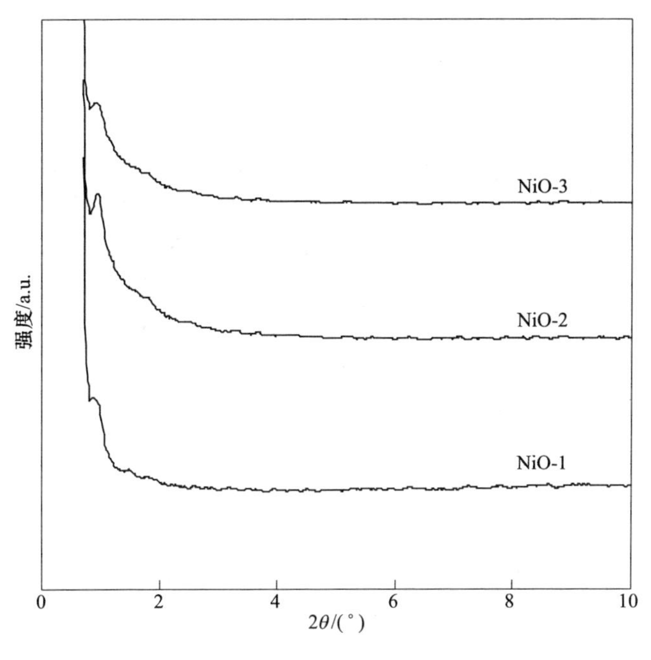

图 5-2 NiO 催化剂的小角 XRD 图

5.2.1.2 催化剂表面形貌和孔结构

催化剂由于灼烧温度与反应物配比的不同，粒子形貌也会存在一定差异。图 5-3 是催化剂 NiO-2 的 SEM 照片。从图中可以看出，直接热分解法制备的 NiO 催

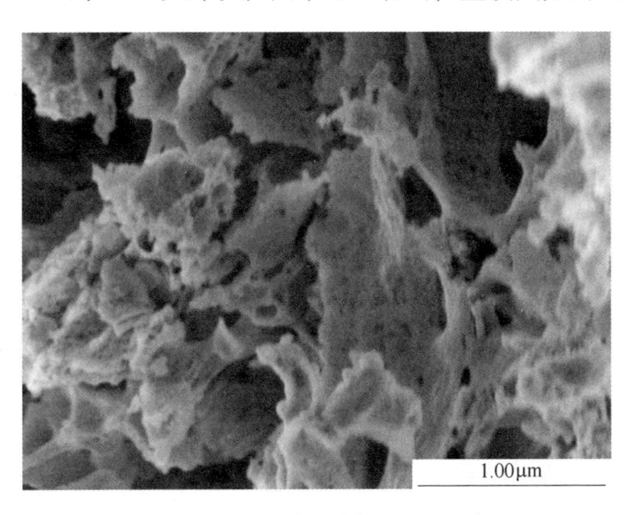

图 5-3 NiO-2 催化剂的 SEM 照片

化剂粒径大小均匀，粒径为1~3μm。可能是由于柠檬酸加入，样品在热分解过程中的团聚程度下降。图5-4是催化剂的TEM图，图中能够看到NiO-2催化剂具有发达的蠕虫状孔道结构，且孔道分布均匀，估测孔径约为6nm。

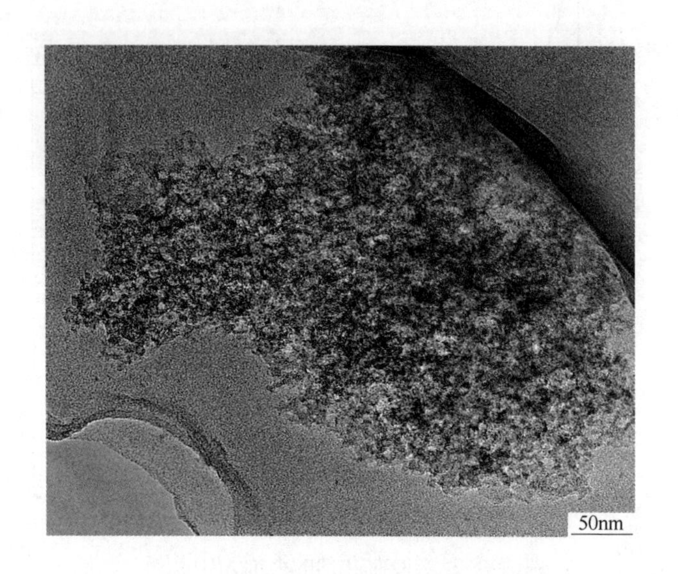

图5-4 NiO-2催化剂的TEM图

N_2吸-脱附法是目前分析多孔固体表面积最常见且成熟的分析方法。其分析原理是，将测得的分子吸附量乘每个分子的覆盖面积即得到样品的表面积。比表面积（specific surface area）是单位质量吸附剂的总面积，其单位是m^2/g。

由图5-5可以看出，三种催化剂样品的氮气吸-脱附曲线呈近Ⅳ型吸附平衡等温线。Ⅳ型等温线的特点是，相对较低压力下发生单分子层吸附，之后为多分子层吸附，等温线上会呈现出一个突跃。图中，在相对压力0.5~0.9之间出现了H1型滞后环，这一现象说明，样品中有孔结构的存在。所制得的氧化镍样品的比表面积依次为$68m^2/g$、$117m^2/g$和$84m^2/g$。图5-6是催化剂的孔径分布图。图中可以观察到氧化镍催化剂的孔径分布呈双峰形式，NiO-1催化剂的孔径双峰位于5.6nm和25.3nm，NiO-2催化剂的双峰位于5.2nm和56.6nm，NiO-3催化剂的双峰位于5.4nm和44.4nm，其平均孔径分别为11.6nm、15.2nm和13.4nm。各个氧化镍催化剂样品的织构信息列于表5-3中。

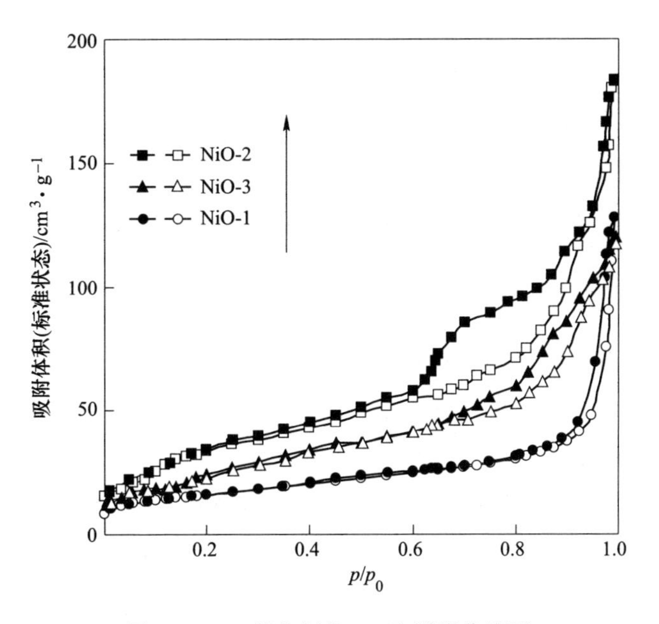

图 5-5 NiO 催化剂的 N_2 吸-脱附曲线图

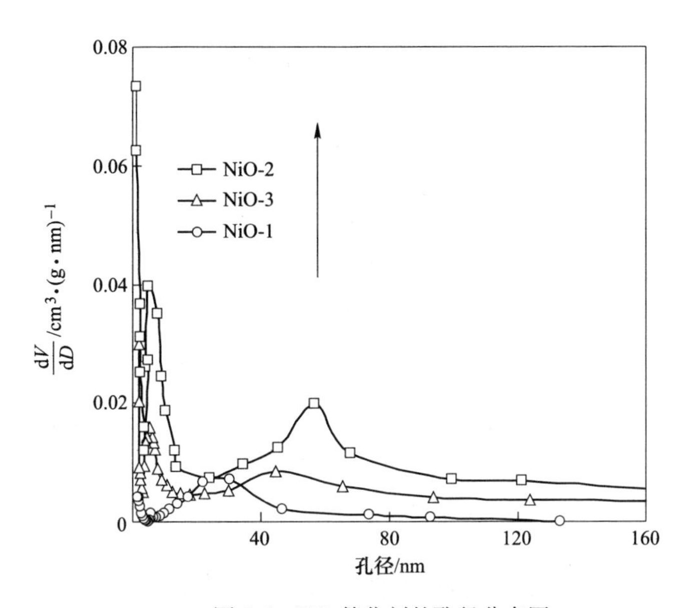

图 5-6 NiO 催化剂的孔径分布图

表 5-3 氧化镍催化剂的织构信息

样 品	表面积/$m^2 \cdot g^{-1}$	平均孔径/nm	孔体积/$cm^3 \cdot g^{-1}$
NiO-1	68	11.6	0.13
NiO-2	117	15.2	0.24
NiO-3	84	13.4	0.16

5.2.1.3 催化氧化甲苯性能

纳米氧化镍催化剂的催化氧化甲苯性能如图 5-7 所示。从图中可以看出，随着反应温度的升高，甲苯的转化率也不断升高。在低温区，甲苯转化率升高较为缓慢，到高温区，转化率迅速升高。NiO-2 催化剂的催化性能明显优于其他催化剂，特别是 *bulk*-NiO。催化活性顺序为：NiO-2>NiO-3>NiO-3>*bulk*-NiO。与之前比表面积大小的顺序一致。

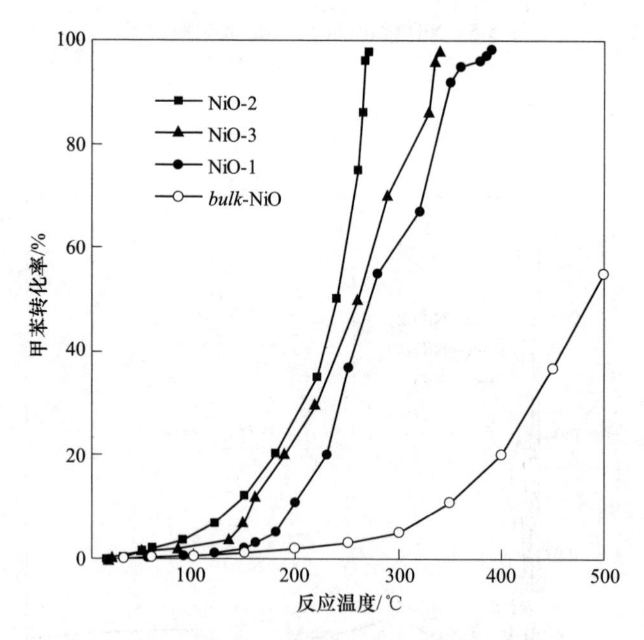

图 5-7 NiO 催化剂氧化甲苯转化率与温度关系图

为了更加直观地比较催化剂的活性，选择甲苯转化率在 10%、50% 和 90% 时的反应温度列于表 5-4 中。

表 5-4 各催化剂氧化甲苯性能比较

样 品	氧化甲苯值/℃		
	$T_{10\%}$	$T_{50\%}$	$T_{90\%}$
NiO-2	150	233	265
NiO-3	170	251	323
NiO-1	200	270	333
bulk-NiO	350	480	—

从图 5-7 和表 5-4 中能够看出，催化剂比表面积不同，其催化氧化甲苯性能也不同。NiO-2 催化剂在甲苯转化率为 10%时的反应温度为 150℃，甲苯转化率达到 50%和 90%时的反应温度分别为 233℃和 265℃。NiO-2 催化剂在反应温度 270℃时可甲苯的基本实现完全转化，其反应活性也最佳。与 *bulk*-NiO 催化剂相比，纳米氧化镍催化剂性能均更好，这可能与催化剂的比表面积大有关。当甲苯浓度为 1000mg/L 时，NiO-2 催化剂的催化活性优于纳米 NiO 粒子（$T_{50\%}$ = 253℃，$T_{90\%}$ = 266℃，空速为 20000mL/(g · h)），较纳米 MnO_2（$T_{50\%}$ = 340℃，$T_{90\%}$ = 375℃，空速 15000mL/(g · h)）和 Mn_3O_4（$T_{50\%}$ = 245℃，$T_{90\%}$ = 270℃，空速 15000mL/(g · h)）的催化性能也更好。

根据实验结果，选取催化活性最好的 NiO-2 催化剂进行了催化剂的寿命测试，在甲苯转化率为 90%、反应温度 265℃、甲苯浓度为 1000mg/L、甲苯与氧气摩尔比 1 : 400，空速 20000mL/(g · h) 的条件下，连续反应 7h，催化剂的活性没有明显降低，如图 5-8 所示。从图 5-8 中可以看出，甲苯的转化率随着反应时

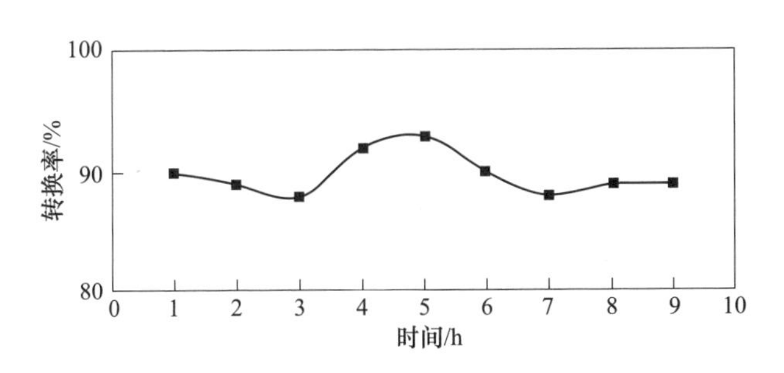

图 5-8 NiO-2 催化剂的寿命图

间的延长在 85%~93%范围内波动，3~5h 甲苯转化率有明显提高，第 5 小时催化剂催化活性最好，能达到 93%左右。之后开始下降，7~9h 甲苯转化率基本保持在 90%左右。

本章采用直接热分解法，以硝酸镍为金属源、柠檬酸为辅助剂，成功制备了三组纳米氧化镍催化剂，其中，NiO-2 比表面积最大，为 117m^2/g，孔径约为 15.2nm。在以氧化甲苯为探针的催化反应中，三组催化剂展示出不同的催化活性。其中，在 300℃下灼烧，柠檬酸与硝酸镍 1：1 混合得到的 NiO-2 催化剂催化效率最高。在甲苯浓度 1000mg/L、空速 20000mL/(g·h）条件下，在 270℃下可基本实现对甲苯的完全催化氧化，在之后的寿命实验中也展现出长时间的催化活性，这与其较大的比表面积和更发达的孔结构有关，这一实验结论也为镍催化剂的研究提供了参考。

5.2.2　纳米氧化锰的物化性质及其活性评价

5.2.2.1　晶相结构

图 5-9 是 MnO_2 的 XRD 图，经与标准卡片比对，发现此谱图与标准卡片 JCPDS PDF No. 72-1982 相一致，制得的 MnO_2 是四方晶体结构，晶面参数标于图中。

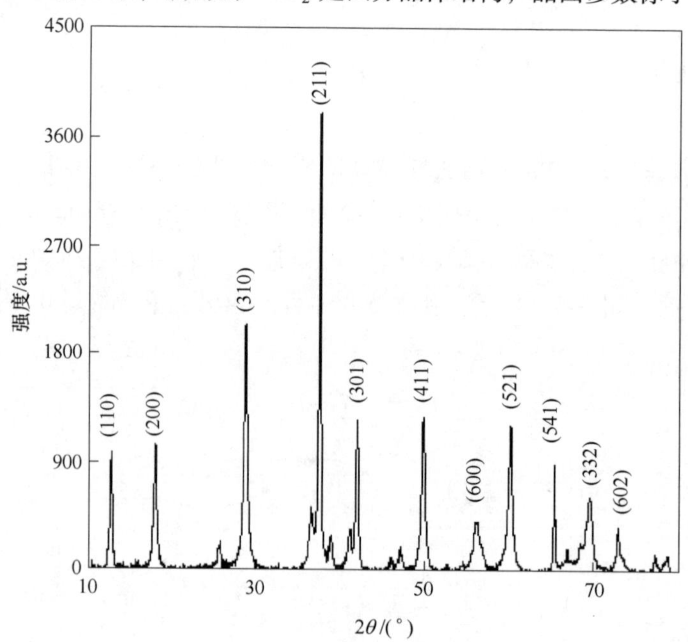

图 5-9　MnO_2 的 XRD 图

5.2.2.2 表面形貌

图5-10是MnO_2的SEM照片。从图中能够清楚地看出，采用水热法制备的纳米MnO_2具有十分规整的管状结构。纳米管长度为1.5~2.0μm，管直径为50~100nm。

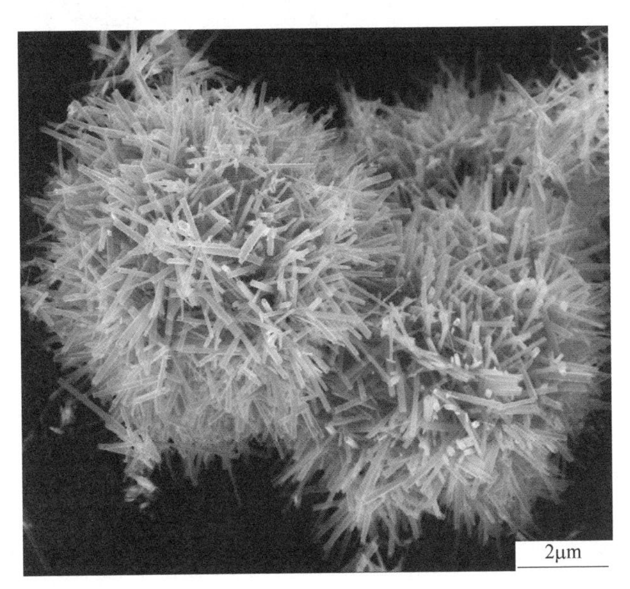

图5-10 MnO_2的SEM照片

催化剂的TEM图见图5-11。MnO_2样品的TEM图中能看到清晰的晶格条纹。测得其晶格间距d约为0.488nm，与标准卡片JCPDS PDF No.72-1982中的(200)晶面相对应。图5-12为HRTEM图，图中有明亮且呈线性的衍射条纹，说明MnO_2样品为晶体结构。

5.2.2.3 氧化甲苯性能

图5-13是纳米MnO_2催化剂作用下，甲苯浓度1000mg/L时，甲苯转化率与温度关系图。如图5-13所示，MnO_2催化剂表现出明显优于*bulk*催化剂的催化性能。为了方便，选择甲苯转化率10%、50%、90%时的温度对催化剂的活性进行说明。MnO_2对甲苯转化率为10%时，反应温度为133℃；甲苯转化率为50%时，反应温度为260℃；当转化率达到90%时，反应温度为289℃。在反应温度达到295℃时，甲苯可以实现完全转化。而*bulk*催化剂在450℃的高温下，只能氧化甲苯转化50%。

图 5-11 MnO_2 的 TEM 图

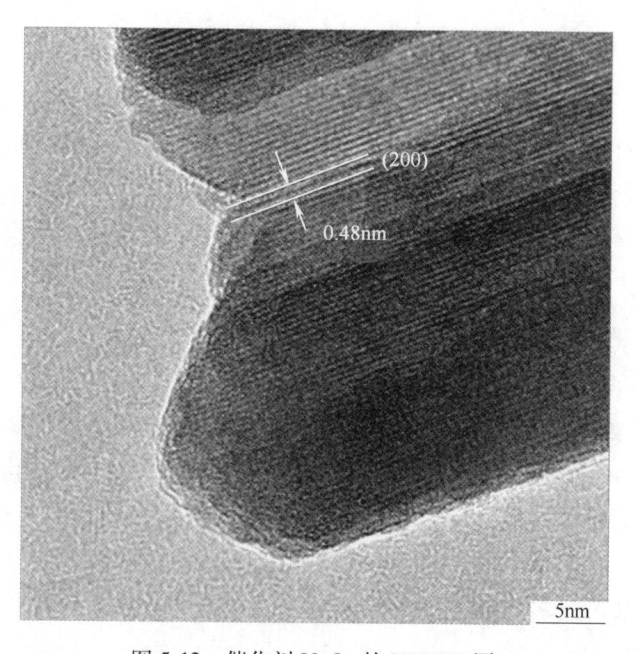

图 5-12 催化剂 MnO_2 的 HRTEM 图

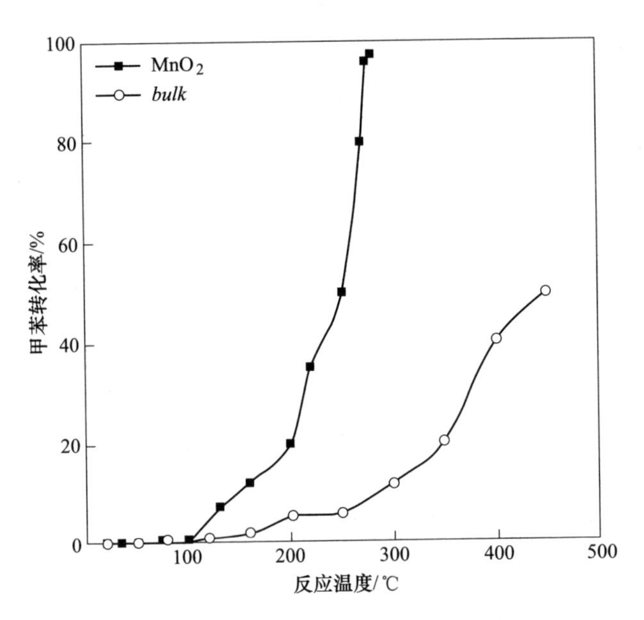

图 5-13 MnO_2 氧化甲苯转化率与温度关系图

对于在热力学上可行的化学反应来说，合适的催化剂可以降低反应的活化能，加快化学反应速度。深入研究催化反应的反应过程和反应机理将有利于对催化剂进行筛选和改性，达到提高催化活性的目的。

对于完全氧化的动力学分析已经有过一些报道，在氧气过量的情况下，负载型 Pt 催化剂上丙烷完全氧化的反应遵循一级反应过程，其表观活化能是 71.2kJ/mol。同样，在 AgY 和 AgZSM-5 催化剂上，丁酸乙酯的完全氧化反应也是遵循一级反应过程。我们有理由认为本实验在氧气绝对过量的条件下，甲苯的完全氧化反应也遵循一级反应过程，可以使用以下公式表示：

$$r = -kc = -Ae^{-\frac{E_a}{RT}}c \tag{5-5}$$

式中，r 为反应速率，mol/h；k 为速率常数；c 为甲苯或乙酸乙酯的气态浓度；A 为置前因子；E_a 为活化能。k 值可以从反应转化率和空速影响的实验结果中计算得到。

通常，反应速率常数 k 随温度的变化通过 Arrhenius 方程：

$$k = k_0 e^{-\frac{E_a}{RT}} \tag{5-6}$$

可以求得反应的真活化能 E_a：

$$E_a = RT^2 \left(\frac{\partial \ln k}{\partial T} \right)_p = \frac{RT^2}{k} \left(\frac{\partial k}{\partial T} \right)_p \tag{5-7}$$

将此定义扩展，将式5-7中的反应速率常数 k 用速度 v 取代，即可求得表观活化能 E'_a：

$$E'_a = RT^2 \left(\frac{\partial \ln v}{\partial T} \right)_p = \frac{RT^2}{v} \left(\frac{\partial v}{\partial T} \right)_p \tag{5-8}$$

对于甲苯和乙酸乙酯完全氧化的反应来说，将其转化率和反应温度的关系图转化成 $\ln v \sim 1/T$ 关系图，如图5-14所示。甲苯氧化的直线的斜率为-9.2388，以此可求出，在空速为20000mL/(g·h）时，且氧气过量的条件下，甲苯在氧化锰催化剂上完全氧化时的表观活化能为76.8kJ/mol。

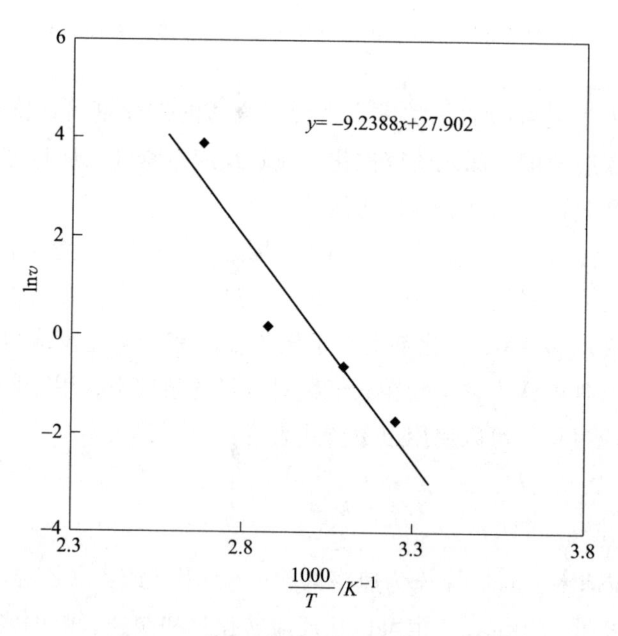

图5-14 甲苯转化率与反应温度关系图

采用水热法制备的 α-MnO_2 催化剂，具有规整管状结构。在甲苯浓度0.1%，空速20000mL/(g·h）条件下，295℃时能够实现甲苯的完全转化。在氧化甲苯反应中，纳米 MnO_2 催化剂表现出良好的催化活性，为锰氧化物催化剂的进一步研究打下了基础。

5.2.3 纳米氧化钐的物化性质

5.2.3.1 晶相结构

图 5-15 列出的是 *meso*-Sm-1 和 *meso*-Sm-2 样品的广角和小角 XRD 衍射图。从广角 XRD 图（图 5-15（a））中可以看出，所制得的 *meso*-Sm-1 和 *meso*-Sm-2 样品的衍射峰与 JCPDS 中立方 Sm_2O_3 的 PDF 标准卡片 No. 74-1989 相匹配，属于立方晶体结构。样品在 $2\theta=10°\sim80°$范围内的特征衍射峰列在图 5-15（a）中。由图可以看出，在 850℃下，样品的特征峰强度不存在明显差异，这表明，硝酸钐可以完全分解为氧化钐。

从图 5-15（b）中可以看出，样品 *meso*-Sm-1 和 *meso*-Sm-2 在 $2\theta=1.1°$处出现一个明显的衍射峰，说明样品中都具有介孔孔道。图 5-15（a）中，*meso*-Sm-1 的小角衍射峰相对强度大于 *meso*-Sm-2，这说明，以 KIT-6 为硬模板，通过真空辅助法制得的样品 *meso*-Sm-1 的孔道有序性要优于通过普通浸渍法制得的样品 *meso*-Sm-2。此小角衍射峰可以说明，制得的金属材料具有孔结构，XRD 小角衍射峰强度越大说明制得的材料的孔道有序度越高。如果小角衍射中没有出现特征峰信号，则说明样品为无序空隙材料。以上结果可以表明，样品 *meso*-Sm-1 和 *meso*-Sm-2 中存在孔结构。

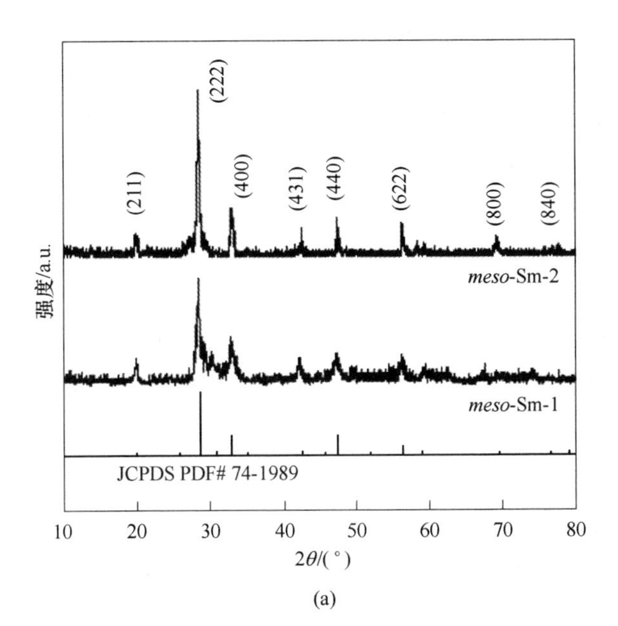

(a)

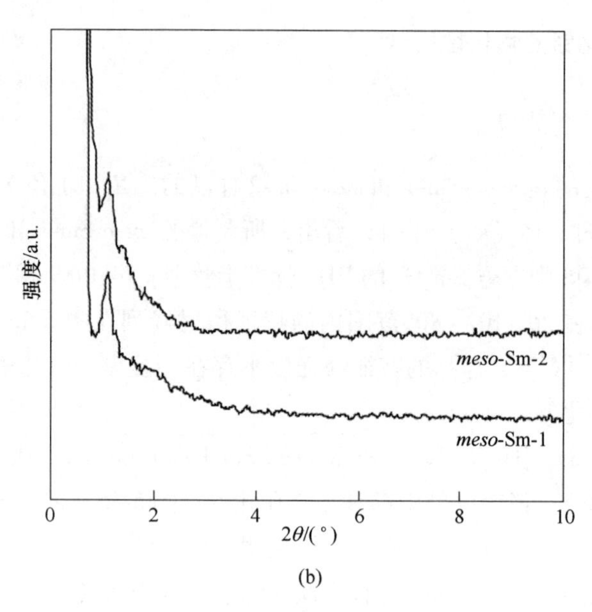

(b)

图 5-15 *meso*-Sm-1 和 *meso*-Sm-2 催化剂的广角（a）和小角（b）XRD 图

5.2.3.2 催化剂的形貌

图 5-16 是样品 *meso*-Sm-1 和 *meso*-Sm-2 的 TEM 图。从图 5-16 中可以清晰地看到样品 *meso*-Sm-1 和 *meso*-Sm-2 的形貌。样品都具有规则的孔道结构，孔径大小为 5～10nm（图 5-16（a）），硅模板的去除以及硅模板中硝酸钐的填充使得有孔结构产生。类似的处理方法也被用于制备铬的介孔氧化物。样品 *meso*-Sm-1 的孔道有序度优于 *meso*-Sm-2（图 5-16（b））。由此说明，通过真空辅助浸渍法制得的样品与普通浸渍法制得的样品相比，具有更有序的孔结构。

5.2.3.3 催化剂的孔结构和表面积

图 5-17 是样品 *meso*-Sm-1 的高倍 TEM（HRTEM）图。通过测量发现，其（222）晶格的平面间距约为 0.30nm，这与 JCPDS 标准卡片中标准氧化钐样品的 PDF No. 74-1089 中的 0.31nm，0.32nm 十分接近。这个结果表明，此催化剂样品的孔壁是高度结晶了的氧化钐。从图 5-17 的插图中样品 *meso*-Sm-1 的 SAED 谱图中，能看到存在多个明亮的电子衍射环，由此可以认为，样品 *meso*-Sm-1 的孔壁为多晶氧化钐。

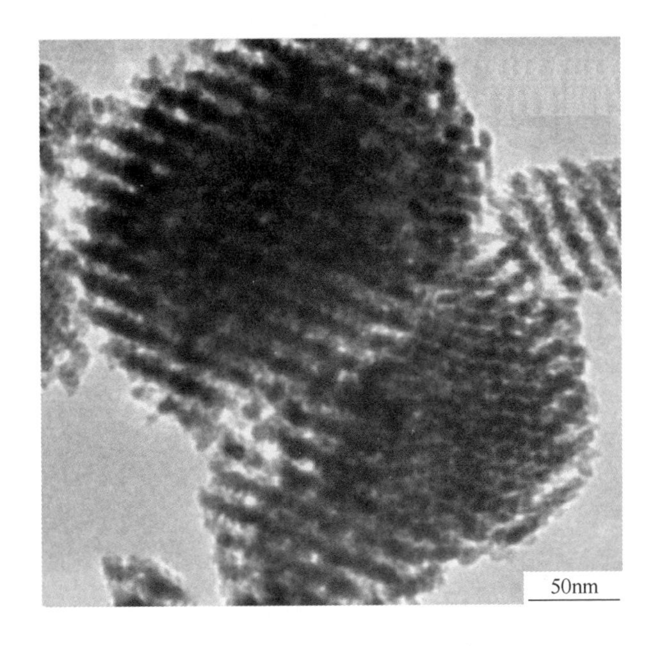

(a)

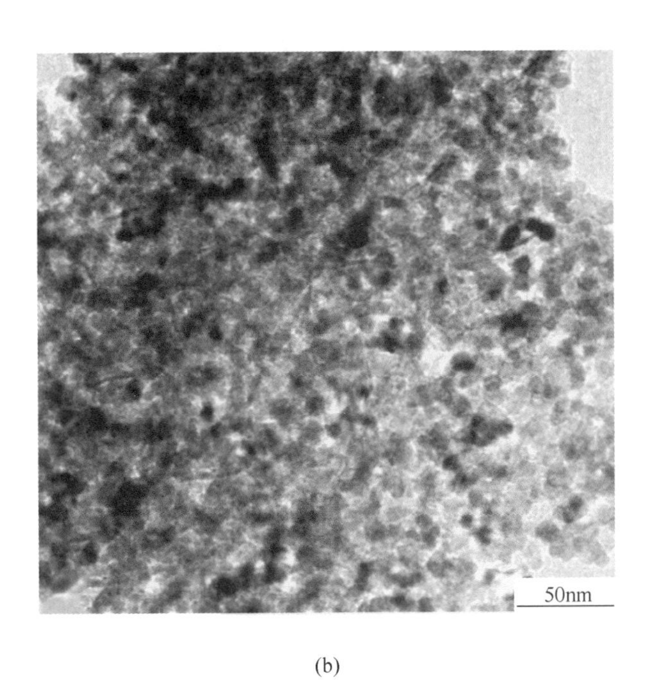

(b)

图 5-16 *meso*-Sm-1（a）和 *meso*-Sm-2（b）催化剂的 TEM 图

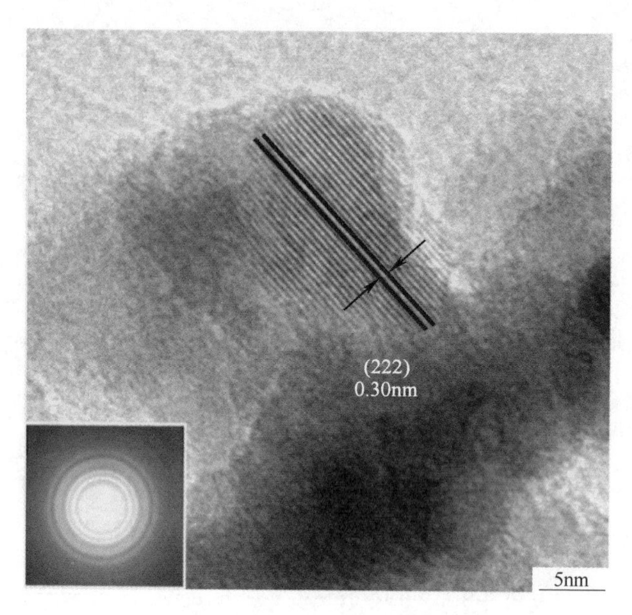

图 5-17 *meso*-Sm-1 的 HRTEM 照片

图 5-18 是样品 *meso*-Sm-1 和 *meso*-Sm-2 的 SEM 照片。从图中可以看出，样品 *meso*-Sm-1 的粒子大小均匀，呈球形，而样品 *meso*-Sm-2 则由不规则粒子组成。这些样品粒子中存在大量介孔结构。与样品 *meso*-Sm-2 相比，样品 *meso*-Sm-1 的粒径更均匀，所制得的样品具有多孔结构，与小角 XRD 衍射结果相吻合。

为了更好地展示样品 *meso*-Sm-1 和样品 *meso*-Sm-2 的介孔结构，采用物理吸附法测定了其织构结果。图 5-19 是样品 *meso*-Sm-1 和样品 *meso*-Sm-2 的 N_2吸-脱附等温线和孔径分布曲线，催化剂的织构信息列于表 5-5 中。从图 5-19 中能够看到，样品 *meso*-Sm-1 和样品 *meso*-Sm-2 分别在相对压力 0. 40~0. 95 和 0. 45~0. 95 范围内出现一个 H2 型回滞环，吸-脱附等温线是类Ⅳ型，这表明所制备的样品中存在着孔结构。有报道相似的吸-脱附等温曲线也出现在采用不同硬模板制备的介孔金属氧化物中。样品 *meso*-Sm-1 和样品 *meso*-Sm-2 均表现出双峰型分布，样品 *meso*-Sm-1 的孔径主要分布双峰分别出现在 3. 7nm 和 8. 2nm 处，而样品 *meso*-Sm-2 的双峰则出现在 3. 5nm 和 6. 1nm 处。前者是 KIT-6 模板的最小壁厚，后者是模板与粒子之间的粘连。从表 5-5 列出的各催化剂的织构信息中可以看出，采用真空辅助浸渍模板法制备的氧化钐样品和普通浸渍法制备的氧化钐比表面积分别为 $184m^2/g$ 和 $142m^2/g$，均远大于 *bulk*-Sm。需要注意的是，采用真空技术处理有利于将无机前驱体硝酸钐充分填充到 KIT-6 模板的孔道中，而将硝酸盐填充到

图 5-18 *meso*-Sm-1（a）和 *meso*-Sm-2（b）催化剂的 SEM 照片

模板孔道的过程，是以 KIT-6 为硬模板制备纳米结构的关键一步。真空辅助技术可以促进盐溶液填充到模板的孔隙。

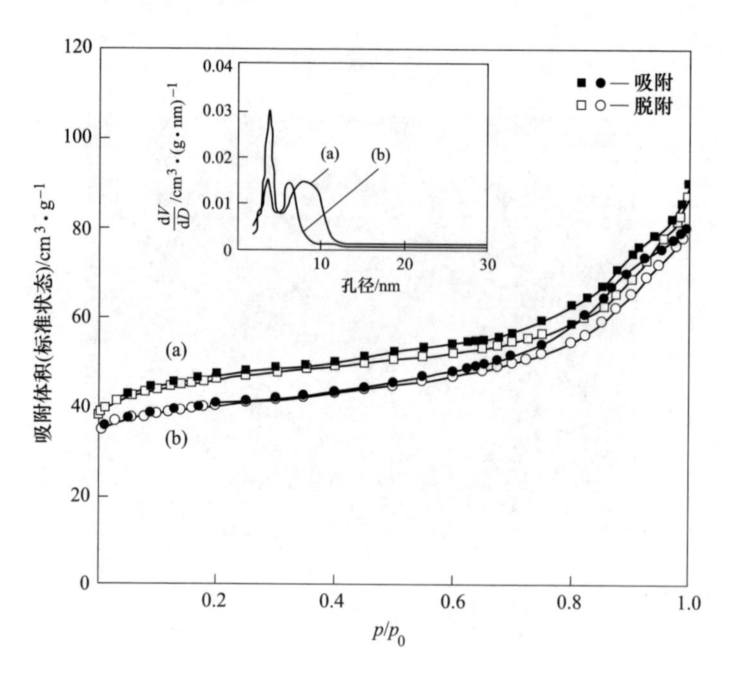

图 5-19 *meso*-Sm-1（a）和 *meso*-Sm-2（b）的 N_2吸-脱附等温线和孔径分布图（插图）

表 5-5 Sm_2O_3 催化剂的织构信息

样　品	表面积/$m^2 \cdot g^{-1}$	平均孔径/nm	孔体积/$cm^3 \cdot g^{-1}$
meso-Sm-1	184	7.2	0.17
meso-Sm-2	142	6.3	0.15
bulk-Sm	13	—	—

从理论上讲，采用硬模板纳米化法所制备的产物，其孔径和壁厚分别等于硬模板的壁厚和孔径。然而在实际操作中，在大多数情况下很难实现这一点，因为最终合成的产物与硬模板在热分解和结晶过程中展现出的物化性质有所不同，其他研究人员也有类似的研究结果报道。因此，在纳米结构形成过程中，孔径和比表面积产生一些偏差是不可避免的。然而，在 KIT-6 模板纳米构成过程中同时采用真空辅助方法，可以最大限度使硝酸钐溶液渗透到 KIT-6 模板的孔道，从而提高产物氧化钐的介孔质量。

以硝酸钐为金属源，以二氧化硅 KIT-6 为硬模板，采用真空辅助浸渍法和普通搅拌浸渍法分别制得具有立方晶相结构的 Sm_2O_3 样品 *meso*-Sm-1 和样品 *meso*-Sm-2，与体相材料相比，立方晶相的 Sm_2O_3 具有更高的比表面积（184m²/g 和

$142m^2/g$)，孔道规则程度也更好。因此，我们认为真空处理可能有利于硝酸钐完全填充到 KIT-6 孔道，从而获得更规则的孔结构。

5.3 小结

本章从制备特定结构的过渡金属氧化物催化剂入手，主要研究纳米氧化镍、纳米氧化锰和纳米氧化钐的制备、表征和物化性质。采用直接热分解法以硝酸镍为金属源、柠檬酸为辅助剂，制备了纳米氧化镍催化剂，考察了制备条件对催化剂结构和性能的影响。

（1）通过直接热分解法，根据柠檬酸与金属硝酸盐的不同配比，制备了具有大比表面积和发达孔结构的蠕虫状介孔氧化镍催化剂。用多种测试技术表征催化剂的物化性质，发现制得的催化剂为面心立方晶体结构，催化剂粒径大小均匀，粒径约 1~3μm，且孔道分布均匀，活性最好的 NiO-2 催化剂比表面积为 $117m^2/g$。其平均孔径分别为 15.2nm。当催化剂用量为 0.1g、甲苯浓度为 1000mg/L、空速为 20000mL/(g·h)、n(甲苯)：$n(O_2)$ = 1：400、甲苯去除率为 90%时的转化温度为 265℃。

采用水热法制备了纳米氧化锰催化剂，表征结果发现，所制备的纳米 MnO_2 为管状结构，长度为 1.5~2.0μm，管径为 50~100nm，分布较均匀，纳米氧化锰催化剂在对甲苯的催化氧化中具有良好的催化活性。当空速为 20000mL/(g·h)，n(甲苯)：$n(O_2)$ = 1：400、反应温度为 295℃时，催化剂可将甲苯完全催化氧化。估算了该反应在低温区的表观活化能为 76.8kJ/mol。氧化镍和氧化锰催化剂的去除甲苯性能与其比表面积、纳米结构等因素有关。

（2）通过真空辅助浸渍法，以介孔氧化硅（KIT-6）为硬模板、硝酸钐为金属源制备了介孔氧化钐催化剂，表征其物化性质。结果表明，所得氧化钐为立方晶相，经过真空辅助法过程制得的 *meso*-Sm-1 样品的孔道规则程度优于普通搅拌法制得的 *meso*-Sm-2，比表面积分别为 $182m^2/g$ 和 $142m^2/g$。

参 考 文 献

[1] ATKINSON R, AREY J. Atmospheric degradation of volatile organic compounds [J]. Chemical Reviews, 2003, 103 (12): 4605-4638.

[2] WESCHLER C J. Chemistry in indoor environments: 20 years of research [J]. Indoor Air, 2011, 21 (3): 205-218.

[3] LE CLOIREC P. Treatments of polluted emissions from incinerator gases: A succinct review [J]. Reviews in Environmental Science and Bio/Technology, 2012, 11 (4): 381-392.

[4] IMANAKA N, MASUI T, YASUDA K. Environmental catalysts for complete oxidation of volatile organic compounds and methane [J]. Chemistry Letters, 2011, 40 (8): 780-785.

[5] DAI Y, WANG X, DAI Q, et al. Effect of Ce and La on the structure and activity of MnO_x catalyst in catalytic combustion of chlorobenzene [J]. Applied Catalysis B: Environmental, 2012, 111: 141-149.

[6] PATTERSON, JR D G, WONG L Y, et al. Levels in the US population of those persistent organic pollutants (2003—2004) included in the Stockholm Convention or in other long-range transboundary air pollution agreements [J]. Environmental Science & Technology, 2009, 43 (4): 1211-1218.

[7] 郭建光，李忠，奚红霞，等．催化燃烧 VOCs 的三种过渡金属催化剂的活性比较 [J]. 华南理工大学学报（自然科学版），2004 (5): 56-59.

[8] OJALA S, PITKäAHO S, LAITINEN T, et al. Catalysis in VOC abatement [J]. Topics in Catalysis, 2011, 54: 1224-1256.

[9] SPIVEY J J. Complete catalytic oxidation of volatile organics [J]. Industrial & Engineering Chemistry Research, 1987, 26 (11): 2165-2180.

[10] 高红，赵勇．纳米材料及纳米催化剂的制备 [J]. 天津化工，2003 (5): 14-15, 57.

[11] HE Y, YANG B, PAN H, et al. Catalytic performance of CeO_2/ZnO nanocatalysts on the oxidative coupling of methane with carbon dioxide and their fractal features [J]. 能源化学（英文版），2004, 13 (3): 167.

[12] 赵骧．催化剂 [M]. 北京：中国物资出版社，2001: 103.

[13] 郃晓曦，孙婧，文秀芳，等．介孔铈锆复合氧化物-环氧树脂杂化材料的制备与性能研究 [J]. 涂料工业，2012, 42 (7): 6-10.

[14] 袁伟，刘昉，张昭．介孔氧化镍的复合表面活性剂模版法制备及表征（英文）[J]. 无机化学学报，2013, 29 (4): 803-809.

[15] CREPALDI E L, DE AA SOLER-ILLIA G J, GROSSO D, et al. Nanocrystallised titania and zirconia mesoporous thin films exhibiting enhanced thermal stability [J]. New Journal of

Chemistry, 2003, 27 (1): 9-13.

[16] 贺英, 王均安, 桑文斌, 等. 高分子软模板法自组装生长 ZnO 纳米线及其光学性能 [J]. 发光学报, 2006 (5): 766-772.

[17] 赵素玲, 林东, 官建国. 多孔氧化铝模板电沉积法制备铁纤维阵列 [J]. 武汉理工大学学报, 2006 (8): 1-4.

[18] 吴思展, 徐彬, 陈良为, 等. 新型钒系固体超强酸 $S_2O_8^{2-}/V_2O_5$ 催化剂的制备研究 [J]. 广州化工, 2011, 39 (15): 73-75.

[19] 吕刚, 宋崇林, 宾峰, 等. 不同制备工艺钒系 SCR 催化剂理化及催化性能研究 [J]. 工程热物理学报, 2009, 30 (12): 2157-2160.

[20] MAHADWAD O K, PARIKH P A, JASRA R V, et al. Photocatalytic degradation of reactive black-5 dye using TiO_2 impregnated ZSM-5 [J]. Bulletin of Materials Science, 2011, 34: 551-556.

[21] 陈宗淇, 郭荣. 微乳液的微观结构 [J]. 化学通报, 1994 (2): 22-25.

[22] CHEN D L, GAO L. Novel morphologies of nickel sulfides: Nanotubes and nanoneedles derived from rolled nanosheets in aw/o microemulsion [J]. Journal of crystal growth, 2004, 262 (1/2/3/4): 554-560.

[23] 王广胜, 邓元, 贾艳春, 等. 氧化锌纳米线束合成及发光性质的研究 [J]. 稀有金属材料与工程, 2007, 36 (A02): 227-229.

[24] 李新军, 李芳柏, 古国榜, 等. 磁性纳米光催化剂的制备及其光催化性能 [J]. 中国有色金属学报, 2001 (6): 971-976.

[25] WU J C S, CHEN C H. A visible-light response vanadium-doped titania nanocatalyst by sol-gel method [J]. Journal of Photochemistry and Photobiology A: Chemistry, 2004, 163 (3): 509-515.

[26] 高家诚, 陈功明, 杨绍利, 等. 含纳米 V_2O_5 颗粒钒催化剂的制备 [J]. 稀有金属材料与工程, 2004 (4): 439-441.

[27] ZAINUDIN N F, ABDULLAH A Z, MOHAMED A R. Characteristics of supported nano-TiO_2/ZSM-5/silica gel (SNTZS): photocatalytic degradation of phenol [J]. Journal of Hazardous Materials, 2010, 174 (1/2/3): 299-306.

[28] GEDANKEN A. Using sonochemistry for the fabrication of nanomaterials [J]. Ultrasonics sonochemistry, 2004, 11 (2): 47-55.

[29] WINDAWI H, ZHANG Z C. Catalytic destruction of halogenated air toxins and the effect of admixture with VOCs [J]. Catalysis today, 1996, 30 (1/2/3): 99-105.

[30] BURCH R, CRITTLE D J, HAYES M J. C—H bond activation in hydrocarbon oxidation on heterogeneous catalysts [J]. Catalysis Today, 1999, 47 (1/2/3/4): 229-234.

[31] PEDERSEN L A, LIBBY W F. Unseparated rare earth cobalt oxides as auto exhaust catalysts

[J]. Science, 1972, 176 (4041): 1355-1356.

[32] 田修营，何文，赵洪石，等. 介孔材料的研究进展及应用前景 [J]. 山东轻工业学院学报（自然科学版），2008，84（2）：20-24.

[33] 吴碧君，刘晓勤. 挥发性有机物污染控制技术研究进展 [J]. 电力环境保护，2005（4）：39-42.

[34] OLSON D A, CHEN L, HILLMYER M A. Templating nanoporous polymers with ordered block copolymers [J]. Chemistry of Materials, 2008, 20 (3): 869-890.

[35] 刘克松，张密林，王江，等. 非硅基介孔材料和介孔复合体的合成与特性 [J]. 应用化学，2006（1）：1-6.

[36] 王燕刚，王遥俊，李常林，等. 介孔金属氧化物/复合物的合成方法 [J]. 化学进展，2006（10）：1338-1344.

[37] 姚兰芳，沈军，汪国庆，等. 蒸发诱导自组装法制备多孔二氧化硅光学薄膜 [C]//中国仪器仪表学会. 2004年光学仪器研讨会论文集. 上海光学仪器研究所，2004：4.

[38] WANG Y, WANG Y, REN J, et al. Synthesis of morphology-controllable mesoporous Co_3O_4 and CeO_2 [J]. Journal of Solid State Chemistry, 2010, 183 (2): 277-284.

[39] LI X F, FENG C, XIAOWANG L U, et al. Modified-EISA synthesis of mesoporous high surface area CeO_2 and catalytic property for CO oxidation [J]. Journal of Rare Earths, 2009, 27 (6): 943-947.

[40] LIU C, LUO L, LU X. Preparation of mesoporous $Ce_{1-x}Fe_xO_2$ mixed oxides and their catalytic properties in methane combustion [J]. Kinetics and Catalysis, 2008, 49: 676-681.

[41] 邢伟，李丽，阎子峰. 介孔氧化镍的合成、表征和在电化学电容器中的应用 [J]. 化学学报，2005（19）：8-14.

[42] ULAGAPPAN N, RAO C N R. Mesoporous phases based on SnO_2 and TiO_2 [J]. Chemical Communications, 1996 (14): 1685-1686.

[43] KRESGE C T, LEONOWICZ M E, ROTH W J, et al. Ordered mesoporous molecular sieves synthesized by a liquid-crystal template mechanism [J]. Nature, 1992, 359 (6397): 710-712.

[44] BECK J S, VARTULI J C, ROTH W J, et al. A new family of mesoporous molecular sieves prepared with liquid crystal templates [J]. Journal of the American Chemical Society, 1992, 114 (27): 10834-10843.

[45] HE C, YU Y, YUE L, et al. Low-temperature removal of toluene and propanal over highly active mesoporous $CuCeO_x$ catalysts synthesized via a simple self-precipitation protocol [J]. Applied Catalysis B: Environmental, 2014, 147: 156-166.

[46] ANTONELLI D M, NAKAHIRA A, YING J Y. Ligand-assisted liquid crystal templating in mesoporous niobium oxide molecular sieves [J]. Inorganic Chemistry, 1996, 35 (11):

3126-3136.

[47] CHEN X, YU T, FAN X, et al. Enhanced activity of mesoporous Nb_2O_5 for photocatalytic hydrogen production [J]. Applied Surface Science, 2007, 253 (20): 8500-8506.

[48] PAL N, BHAUMIK A. Soft templating strategies for the synthesis of mesoporous materials: Inorganic, organic-inorganic hybrid and purely organic solids [J]. Advances in Colloid and Interface Science, 2013, 189: 21-41.

[49] CIESLA U, DEMUTH D, LEON R, et al. Surfactant controlled preparation of mesostructured transition-metal oxide compounds [J]. Journal of the Chemical Society, Chemical Communications, 1994 (11): 1387-1388.

[50] LU A H, ZHAO D, WAN Y N. A versatile strategy for creating nanostructured porous materials [J]. RSC Nanoscience & Nanotechnology, 2010.

[51] KO C H, RYOO R. Imaging the channels in mesoporous molecular sieves with platinum [J]. Chemical Communications, 1996 (21): 2467-2468.

[52] ZHU K, YUE B, ZHOU W, et al. Preparation of three-dimensional chromium oxide porous single crystals templated by SBA-15 [J]. Chemical Communications, 2003 (1): 98-99.

[53] JIAO F, JUMAS J C, WOMES M, et al. Synthesis of ordered mesoporous Fe_3O_4 and γ-Fe_2O_3 with crystalline walls using post-template reduction/oxidation [J]. Journal of the American Chemical Society, 2006, 128 (39): 12905-12909.

[54] JIAO F, HARRISON A, JUMAS J C, et al. Ordered mesoporous Fe_2O_3 with crystalline walls [J]. Journal of the American Chemical Society, 2006, 128 (16): 5468-5474.

[55] PERKAS N, AMIRIAN G, ZHONG Z, et al. Methanation of carbon dioxide on Ni catalysts on mesoporous ZrO_2 doped with rare earth oxides [J]. Catalysis letters, 2009, 130: 455-462.

[56] JIAO F, SHAJU K M, BRUCE P G. Synthesis of nanowire and mesoporous low-temperature $LiCoO_2$ by a post-templating reaction [J]. Angewandte Chemie, 2005, 117 (40): 6708-6711.

[57] BRINKER C J. Chemical Solution Deposition of Functional Oxide Thin Films [M]. Vienna: Springer Vienna, 2013: 233-261.

[58] YANG P, ZHAO D, MARGOLESE D I, et al. Generalized syntheses of large-pore mesoporous metal oxides with semicrystalline frameworks [J]. Nature, 1998, 396 (6707): 152-155.

[59] YANG P, DENG T, ZHAO D, et al. Hierarchically ordered oxides [J]. Science, 1998, 282 (5397): 2244-2246.

[60] MARGOLESE D I, STUCKY G D. Synthesis of continuous mesoporous silica thin films with three-dimensional accessible pore structures [J]. Chemical Communications, 1998 (22): 2499-2500.

[61] ZHAO D, YANG P, MELOSH N, et al. Continuous mesoporous silica films with highly ordered large pore structures [J]. Advanced Materials, 1998, 10 (16): 1380-1385.

[62] ZHOU Y, LI H, SHI D H, et al. Preparation and performance of ordered porous TiO_2 film doped with Gd^{3+} [J]. Journal of Materials Engineering and Performance, 2011, 20: 1319-1322.

[63] CHEN L, YAO B, CAO Y, et al. Synthesis of well-ordered mesoporous titania with tunable phase content and high photoactivity [J]. The Journal of Physical Chemistry C, 2007, 111 (32): 11849-11853.

[64] 姜廷顺，戚砾文，吴多林，等. Zr-MCM-41 的合成及其在苯酚叔丁基化反应中催化性能 [J]. 江苏大学学报（自然科学版），2012, 33 (1): 106-109, 114.

[65] LIU H, NAGANO K, SUGIYAMA D, et al. Honeycomb filters made from mesoporous composite material for an open sorption thermal energy storage system to store low-temperature industrial waste heat [J]. International Journal of Heat and Mass Transfer, 2013, 65: 471-480.

[66] 李丽，薛屏. 介孔分子筛在生物酶固定化中的应用 [J]. 化学研究与应用，2007 (1): 10-16.

[67] YIU H H P, BOTTING C H, BOTTING N P, et al. Size selective protein adsorption on thiol-functionalised SBA-15 mesoporous molecular sieve [J]. Physical Chemistry Chemical Physics, 2001, 3 (15): 2983-2985.

[68] FANG X, YU X, LIAO S, et al. Lithium storage performance in ordered mesoporous MoS_2 electrode material [J]. Microporous and Mesoporous Materials, 2012, 151: 418-423.

[69] ZHANG Y, XIE Z, WANG J. Supramolecular-templated thick mesoporous titania films for dye-sensitized solar cells: Effect of morphology on performance [J]. ACS Applied Materials & Interfaces, 2009, 1 (12): 2789-2795.

[70] YE B, TRUDEAU M, ANTONELLI D. Synthesis and electronic properties of potassium fulleride nanowires in a mesoporous niobium oxide host [J]. Advanced Materials, 2001, 13 (1): 29-33.

[71] YE B, TRUDEAU M L, ANTONELLI D M. Observation of a double maximum in the dependence of conductivity on oxidation state in potassium fulleride nanowires supported by a mesoporous niobium oxide host lattice [J]. Advanced Materials, 2001, 13 (8): 561-565.

[72] MAMAK M, COOMBS N, OZIN G. Self-assembling solid oxide fuel cell materials: Mesoporous yttria-zirconia and metal-yttria-zirconia solid solutions [J]. Journal of the American Chemical Society, 2000, 122 (37): 8932-8939.

[73] MAMAK M, COOMBS N, OZIN G A. Electroactive mesoporous yttria stabilized zirconia containing platinum or nickel oxide nanoclusters: a new class of solid oxide fuel cell electrode materials [J]. Advanced Functional Materials, 2001, 11 (1): 59-63.

[74] KARUPPUCHAMY S, NONOMURA K, YOSHIDA T, et al. Cathodic electrodeposition of oxide semiconductor thin films and their application to dye-sensitized solar cells [J]. Solid State Ionics, 2002, 151 (1/2/3/4): 19-27.

[75] García-Gómez A, Duarte R G, Eugénio S, et al. Fabrication of electrochemically reduced graphene oxide/cobalt oxide composite for charge storage electrodes [J]. Journal of Electroanalytical Chemistry, 2015, 755: 151-157.

[76] WANG Y, YUAN X, LIU X, et al. Mesoporous single-crystal Cr_2O_3: Synthesis, characterization, and its activity in toluene removal [J]. Solid State Sciences, 2008, 10 (9): 1117-1123.

[77] HOFFMANN N, MUHLER M. On the mechanism of the oxidative amination of benzene with ammonia to aniline over NiO/ZrO_2 as cataloreactant [J]. Catalysis letters, 2005, 103: 155-159.

[78] WU Y, CHEN T, CAO X D, et al. Low temperature oxidative dehydrogenation of ethane to ethylene catalyzed by nano-sized NiO [J]. Chinese Journal of Catalysis, 2003, 24 (6): 403-404.

[79] AKPAN U G, HAMEED B H. The advancements in sol-gel method of doped-TiO_2 photocatalysts [J]. Applied Catalysis A: General, 2010, 375 (1): 1-11.

[80] SUN C G, TAO L, FAN M L, et al. Replication route synthesis of mesoporous titanium-cobalt oxides and their photocatalytic activity in the degradation of methyl orange [J]. Catalysis letters, 2009, 129: 26-38.

[81] ZHANG Y, XIE Z, WANG J. Supramolecular-templated thick mesoporous titania films for dye-sensitized solar cells: Effect of morphology on performance [J]. ACS Applied Materials & Interfaces, 2009, 1 (12): 2789-2795.

[82] 刘冰, 任兰亭. 21世纪材料发展的方向——纳米材料 [J]. 青岛大学学报 (自然科学版), 2000 (3): 91-95.

[83] TIAN Z R, TONG W, WANG J Y, et al. Manganese oxide mesoporous structures: mixed-valent semiconducting catalysts [J]. Science, 1997, 276 (5314): 926-930.

[84] LAWRENCE R T, CROXALL M P, LU C, et al. TiO_2-NGQD composite photocatalysts with switchable photocurrent response [J]. Nanoscale, 2023, 15 (6): 2788-2797.

[85] COSNIER S, GONDRAN C, SENILLOU A, et al. Mesoporous TiO_2 films: New catalytic electrode fabricating amperometric biosensors based on oxidases [J]. Electroanalysis, 1997, 9 (18): 1387-1392.

[86] DE SARKAR A, KHANRA B C. CO oxidation and NO reduction over supported Pt-Rh and Pd-Rh nanocatalysts: A comparative study [J]. Journal of Molecular Catalysis A: Chemical, 2005, 229 (1/2): 25-29.

[87] 舒万良．有色金属精细化工产品生产与应用 [M]. 长沙：中南工业大学出版社，1995：211.

[88] 孙全，邵忠财，高景龙．NiO 超细粉的制备及应用进展 [J]. 有色矿冶，2006 (4)：40-43，46.

[89] TIAN B，LIU X，YANG H，et al. General synthesis of ordered crystallized metal oxide nanoarrays replicated by microwave-digested mesoporous silica [J]. Advanced Materials，2003，15 (16)：1370-1374.

[90] WANG Y，XIA Y. Electrochemical capacitance characterization of NiO with ordered mesoporous structure synthesized by template SBA-15 [J]. Electrochimica Acta，2006，51 (16)：3223-3227.

[91] YUE W，ZHOU W Z. Synthesis of porous single crystals of metal oxides via a solid-liquid route [J]. Chemistry of Materials，2007，19 (9)：2359-2363.

[92] 宋伟明，邓启刚．复合介孔氧化镍的合成、表征及催化性能 [J]. 日用化学工业，2008，38 (6)：360-362，381.

[93] 刘昉，张昭．碳酸镍沉淀过程的研究以及介孔氧化镍的制备 [J]. 电子元件与材料，2008 (8)：72.

[94] 刘辉，李广军，朱振峰．介孔氧化镍微球的水热-热分解法制备及其在血红蛋白直接电化学检测中的应用 [J]. 功能材料，2012，43 (9)：1118-1121.

[95] 王晨，汪炜，陈君君．用脉冲电沉积法制备两类纳米介孔氧化镍电致变色薄膜的研究 [J]. 功能材料，2012，43 (4)：492-495.

[96] 袁伟，刘昉，张昭．介孔氧化镍的复合表面活性剂模版法制备及表征（英文）[J]. 无机化学学报，2013，29 (4)：803-809.

[97] 肖凤，杨飞．介孔氧化镍薄膜的制备及超级电容器性能研究 [J]. 材料导报，2014，28 (4)：32-34.

[98] 湛菁，陆二聚，蔡梦，等．球形氧化镍粉末对乙醇的电催化性能的研究 [J]. 工程科学学报，2016，38 (8)：1139-1144.

[99] 洪昕林，张高勇，杨恒权，等．介孔锰氧复合物的表面活性剂模板合成与孔结构分析 [J]. 日用化学工业，2002 (6)：6-8.

[100] 薛同．介孔氧化锰电容器材料的制备及性能研究 [J]. 石油化工应用，2007 (6)：23-26.

[101] 杨加芹，赵倩倩，王庆红，等．介孔二氧化锰材料的制备及其电化学性能研究 [J]. 南开大学学报（自然科学版），2011，44 (4)：98-102.

[102] 彭少华，徐金玲，徐孝文．介孔二氧化锰的合成与表征 [J]. 苏州科技学院学报（自然科学版），2013，30 (2)：33-36.

[103] SUI M H，SHE L，SHENG L，et al. Ordered mesoporous manganese oxide as catalyst for

hydrogen peroxide oxidation of norfloxacin in water [J]. Chinese Journal of Catalysis, 2013, 34 (3): 536-541.

[104] 程海军, 丁欣宇, 沈拥军, 等. 介孔二氧化锰的制备及催化氧化甲醛研究 [J]. 印染助剂, 2016, 33 (8): 5-9.

[105] 张建琳, 陈硕, 全燮, 等. 介孔二氧化锰制备及其催化臭氧氧化草酸研究 [J]. 大连理工大学学报, 2017, 57 (5): 447-452.

[106] 赵艳磊, 田华, 等. 介孔氧化锰对甲醛的低温催化氧化 [J]. 应用化工, 2017, 46 (5): 814-819.

[107] 任强, 康利涛, 等. 氧化还原法制备氧化锰超级电容器电极材料 [J]. 人工晶体学报, 2017, 46 (6): 1092-1098.

[108] VENKATASWAMY P, RAO K N, JAMPAIAH D, et al. Nanostructured manganese doped ceria solid solutions for CO oxidation at lower temperatures [J]. Applied Catalysis B: Environmental, 2015, 162: 122-132.

[109] WANG Z, SHEN G, LI J, et al. Catalytic removal of benzene over CeO_2-MnO_x composite oxides prepared by hydrothermal method [J]. Applied Catalysis B: Environmental, 2013, 138: 253-259.